# FICHES BREVET

3e

NOUVEAU BREVET



# Maths

**Bernard Demeillers**
Professeur de mathématiques

Hatier

## Le site de vos révisions

L'achat de ce Fiches brevet vous permet de bénéficier d'un ACCÈS GRATUIT* à toutes les **ressources** d'annabac.com (fiches, sujets corrigés...) et à ses **parcours de révision** personnalisé

Pour profiter de cette offre, rendez-vous sur **www.annabac.co** dans la rubrique « Je profite de mon avantage client ».

* Selon les conditions précisées sur le site.

# SOMMAIRE

*Quand vous avez révisé une fiche, cochez la case ❐ correspondante !*

## L'examen du brevet



# Nombres et calculs

## Calculs avec diverses représentations des nombres



## Divisibilité et nombres premiers



## Calcul littéral. Mise en équation

# Organisation et gestion de données. Fonctions

## Statistiques



## Probabilités



## Proportionnalité et pourcentage



## Fonctions linéaires et affines

# Grandeurs et mesures

## Périmètres, aires et volumes



## Calculs avec des grandeurs mesurables



# Espace et géométrie

## Triangle rectangle, trigonométrie et théorème de Pythagore



## Configuration de Thalès

## Transformations et triangles



## Représentation de l'espace



# Algorithmique et programmation

## Écriture et exécution d'un programme simple



### DÉPLIANT ET COUVERTURE

**Aide-mémoire et documents de référence**

*Toutes les formules et propriétés du programme.*

# En quoi consiste l'épreuve de maths ?

1

☐ OK

L'attribution du diplôme national du brevet dépend pour moitié de l'évaluation de la maîtrise du socle commun par le contrôle continu, et pour moitié de l'examen terminal, composé d'une épreuve orale et de quatre épreuves écrites communes à l'ensemble des candidats.

## I Une des quatre épreuves écrites du brevet

Épreuves écrites du brevet

**Français**
3 heures
100 points

**Maths**
2 heures
100 points

**Histoire-Géo Enseignement moral et civique**
2 heures
50 points

**Sciences Physique-chimie, SVT, Technologie**
1 heure
50 points

## II Les modalités d'évaluation

Le sujet de mathématiques est constitué de **6 à 8 exercices** de types différents, portant chacun sur un aspect différent du programme. Vous pouvez traiter les exercices indépendamment les uns des autres, dans l'ordre qui vous convient.

### 1 Les exercices fondamentaux

- Dans ce type d'exercice, il s'agit d'appliquer une leçon. Vous devez montrer que vous avez appris et compris les **règles et notions fondamentales** du programme de mathématiques du collège.

**Conseil**

Pour décider par quel exercice commencer, déterminez ceux qui vous semblent plus faciles, tout en tenant compte du barème.

- Quand l'exercice prend la forme d'un QCM (questionnaire à choix multiples) :
– il faut choisir parmi plusieurs réponses la seule qui soit correcte ;
– vous n'avez pas à justifier votre réponse ;
– les mauvaises réponses n'ôtent pas de points.

## 2 Les exercices contextualisés

- Les exercices contextualisés font appel à des situations qui sont issues de la vie courante ou qui font référence à d'autres disciplines. Leur énoncé peut comprendre un schéma explicatif, une formule, etc.
- Un des exercices se rapporte ainsi souvent au thème traité dans la seconde partie de l'épreuve en SVT, physique-chimie et/ou technologie.

## 3 Les exercices de type « tâche complexe »

- Pour certains exercices de type « tâche complexe », une série de données et/ou de documents est fournie. Une seule question est posée.
- Vous devez mobiliser vos connaissances sur plusieurs leçons et trouver vous-même les étapes à suivre pour résoudre le problème. La réponse devra faire apparaître clairement votre raisonnement.

**Remarque**

Même si votre démarche n'aboutit pas, écrivez toutes vos pistes de recherche : elles comptent dans la note.

## 4 L'exercice d'algorithmique

L'exercice d'algorithmique fait référence au logiciel de programmation Scratch. Vous devez montrer que vous êtes capable de comprendre un programme déjà écrit et éventuellement de le modifier.

**À noter**

Scratch Desktop est téléchargeable gratuitement à l'adresse suivante : https://scratch.mit.edu/download

# Réussir l'épreuve de maths

2

☐ OK

**Les épreuves finales du brevet constituent votre premier examen. Cela peut générer du stress. Mais si vous êtes préparé, vous n'avez aucune raison de vous inquiéter.**

## I Comment se préparer à l'examen du brevet ?

### 1 La préparation physique

- Il est en particulier recommandé de **dormir correctement** dans les deux derniers mois avant l'examen. Le manque de sommeil risque en effet de réduire vos performances intellectuelles.
- Pour mieux gérer votre stress, continuez de **faire du sport**, sans excès, dans les jours qui précèdent l'examen.

### 2 La préparation intellectuelle

- Cette préparation s'effectue **tout au long de l'année**.
- En premier lieu, soyez **attentif en cours**. **Apprenez vos leçons** au fur et à mesure ; n'attendez pas le contrôle. Donnez du sens à ce que vous apprenez : n'hésitez pas à expliquer, par oral ou par écrit, le contenu de la leçon à un proche ou à un camarade de classe.
- Faites une **fiche de révision** par chapitre : notez-y les définitions et les propriétés à connaître, illustrées par des exemples rédigés. À l'approche de l'épreuve, ce travail préalable vous sera fort utile pour réviser vite et bien !

**Attention**

Réviser n'est pas seulement relire. Il faut reformuler ce que vous révisez mentalement, puis, si possible, par écrit, sur une feuille blanche.

## II Conseils pour organiser son travail lors de l'épreuve

### 1 Bien gérer son temps

- Commencez par **survoler l'intégralité du sujet**. Les exercices sont indépendants : vous pouvez donc les traiter dans l'ordre que vous voulez. Commencez par les exercices qui vous semblent les plus faciles.

- Vous disposez de 2 heures pour faire 6 à 8 exercices : vous devez donc accorder environ **15 minutes** à chacun. Veillez néanmoins à garder **10 minutes** à la fin de l'épreuve pour vous relire. Si vous peinez sur un exercice, n'y consacrez pas trop de temps mais passez au suivant : vous y reviendrez ensuite.

## 2 Bien analyser chaque exercice

- Lisez une première fois chaque énoncé pour comprendre ce qui est demandé ; puis relisez-le en soulignant les **données clés**. Prenez bien en compte les figures ou les tableaux éventuellement associés.
- En géométrie, si l'énoncé ne fournit pas de figure, tracez rapidement celle-ci au brouillon : vous visualiserez mieux le problème et ferez apparaître des **configurations connues**.

## 3 Bien présenter sa copie et bien rédiger

- Le soin apporté à votre copie, la justesse de vos tracés et votre maîtrise de la langue sont notés sur **5 points**.
- Travaillez d'abord au **brouillon**, afin d'éviter les ratures.
- Quand vous développez un **calcul**, passez à la ligne pour chaque étape et soulignez le résultat. Écrivez la formule éventuellement employée. Quand vous donnez une réponse chiffrée, faites attention à la précision demandée et n'oubliez pas l'unité.
- Vos **figures** doivent être précises, soignées et bien codées.
- Vous devez **justifier et rédiger** toutes vos réponses, sauf dans les QCM. Dans une démonstration, explicitez les hypothèses vous permettant de faire appel à une propriété.
- De façon générale, exprimez-vous dans un français correct et efforcez-vous d'employer avec justesse le **vocabulaire mathématique**.

### L'ESSENTIEL

**Réussir l'épreuve de maths**
- ne pas consacrer plus de 15 minutes par exercice
- comprendre ce qui est demandé dans chaque exercice
- soigner la présentation et la rédaction des réponses

# Maîtriser les quatre opérations élémentaires sur les nombres relatifs

3

☐ OK

## I Qu'est-ce qu'un nombre relatif ?

- Un nombre relatif est composé de deux éléments : son **signe** et sa **distance à 0**.

**EXEMPLES** + 2,5 est un nombre relatif positif dont la distance à 0 est 2,5.
– 3,5 est un nombre relatif négatif dont la distance à 0 est 3,5.

- Un nombre relatif peut être représenté sur une **droite graduée**.

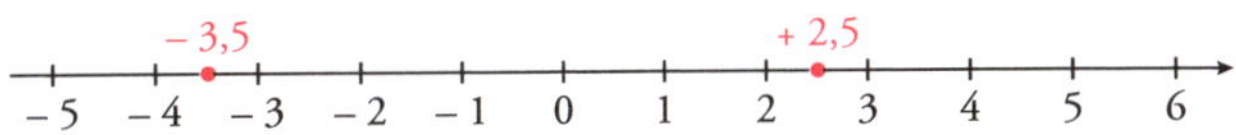


## II Addition de nombres relatifs

- La somme de deux nombres relatifs de **même signe** est un nombre relatif dont :
  - le signe est le signe commun aux deux nombres ;
  - la distance à 0 est la somme de leurs distances à 0.

**EXEMPLES** $(+2{,}4)+(+3{,}7)=+6{,}1$ ; $(-4{,}4)+(-2{,}1)=-6{,}5$

- La somme de deux nombres relatifs de **signes contraires** est un nombre relatif dont :
  - le signe est celui du nombre possédant la plus grande distance à 0 ;
  - la distance à 0 est la différence de leurs distances à 0.

**EXEMPLES** $(-2{,}4)+(+3{,}7)=+1{,}3$ ; $(-4{,}4)+(+2{,}1)=-2{,}3$

## III Soustraction de nombres relatifs

Pour soustraire un nombre relatif d'un autre nombre relatif, on lui ajoute son **opposé**.

**EXEMPLES** $(+5{,}25)-(+3{,}7)=(+5{,}25)+(-3{,}7)=+1{,}55$
et $(-5{,}25)-(+3{,}7)=(-5{,}25)+(-3{,}7)=-8{,}95$

## IV Multiplication, division de nombres relatifs

- Le produit (ou la division) de deux nombres relatifs est un nombre relatif dont le signe est donné par la « **règle des signes** » et dont la distance à 0 est le produit (ou la division) de leurs distances à zéro.

- La « règle des signes » est la suivante :
- Le produit (ou la division) de deux nombres de même signe est positif.
- Le produit (ou la division) de deux nombres de signes différents est négatif.

**EXEMPLES** $(+5{,}25)\times(+2)=+10{,}5$ ; $(+4{,}9)\times(-2)=-9{,}8$
$(+1{,}8)\div(-0{,}9)=-2$ ; $(-4{,}4)\div(-1{,}1)=+4$

## Méthodes

### 1 Calculer avec des nombres relatifs

Compléter les égalités suivantes :

a. $(-5)\times(\ldots)=-7{,}5$

b. $(-3{,}7)-(\ldots)=+5{,}5$

c. $(-6{,}45)+(\ldots)=-7{,}5$

d. $(-6{,}6)\div(\ldots)=-2{,}2$

**SOLUTION**

a. $(-5)\times(+1{,}5)=-7{,}5$

b. $(-3{,}7)-(-9{,}2)=+5{,}5$

c. $(-6{,}45)+(-1{,}05)=-7{,}5$

d. $(-6{,}6)\div(+3)=-2{,}2$

### 2 Effectuer des calculs enchaînés

On donne $x=-5$, $y=+3{,}2$, $z=-2{,}4$ et $t=+4{,}8$.

Donner les écritures décimales des nombres suivants :

a. $A=\dfrac{x+y}{z-t}$

b. $B=\dfrac{3x-2z}{-4y+3t}$

**Conseils**

Calculez séparément le numérateur, puis le dénominateur de $A$. Déduisez-en alors $A$. Procédez de la même façon pour calculer $B$.

**SOLUTION**

a. Notons respectivement $N_A$ et $D_A$ le numérateur et le dénominateur de $A$, soit $A=\dfrac{N_A}{D_A}$.

$N_A=(-5)+(+3{,}2)=-1{,}8$ et $D_A=(-2{,}4)-(+4{,}8)=-7{,}2$.

Alors $A=\dfrac{-1{,}8}{-7{,}2}$, soit $A=+0{,}25$.

b. De même, nous avons $N_B=3(-5)-2(-2{,}4)=-10{,}2$ et $D_B=-4(+3{,}2)+3(+4{,}8)=+1{,}6$.

Alors $B=\dfrac{-10{,}2}{+1{,}6}$ d'où $B=-6{,}375$.

# Utiliser diverses représentations d'un même nombre

4

☐ OK

## I Nombres entiers, décimaux et rationnels

- Un **nombre entier** est un nombre qui s'écrit sans décimales.
- Un **nombre décimal** est un nombre qui s'écrit avec un nombre fini de chiffres après la virgule.
- Un **nombre rationnel** (ou **fraction**) est un nombre qui peut s'écrire sous la forme $\frac{a}{b}$, où $a$ et $b$ sont des nombres entiers et $b \neq 0$.

**EXEMPLES** $\frac{7}{8}$ ; $\frac{-6}{13}$ et $\frac{5}{17}$ sont des nombres rationnels.

- Les nombres rationnels dont le dénominateur est 10, 100, 1 000, etc. sont appelés des **fractions décimales**.

**EXEMPLES** $\frac{34}{10}$ ; $\frac{5}{1000}$ et $\frac{-51}{100}$ sont des fractions décimales.

- Une **fraction irréductible** est une fraction qui ne peut pas être simplifiée.

**EXEMPLES** $\frac{5}{11}$ est une fraction irréductible.

En revanche, $\frac{15}{33}$ n'est pas une fraction irréductible car $\frac{15}{33} = \frac{3 \times 5}{3 \times 11} = \frac{5}{11}$.

**À noter**

Tous les nombres ne sont pas rationnels !
Les **nombres irrationnels** sont les nombres que l'on ne peut pas écrire sous la forme d'une fraction, par exemple $\sqrt{2}$ et $\pi$.

## II Puissances et racine carrée

- Soient $a$ un nombre non nul et $n$ un entier naturel positif.

Le produit de $n$ facteurs égaux à $a$ se note $a^n$ (on dit « **$a$ puissance $n$** ») ; $a^{-n}$ est l'**inverse** de $a^n$.

$$a^n = \underbrace{a \times a \times \ldots \times a}_{n \text{ fois}} \qquad a^{-n} = \frac{1}{a^n}$$

**EXEMPLES** $5^3 = 5 \times 5 \times 5 = 125$ ; $10^{-2} = \frac{1}{10^2} = \frac{1}{100} = 0{,}01$.

- Soit $a$ un nombre positif. La **racine carrée** du nombre $a$ est le nombre positif dont le carré est égal à $a$. On le note $\sqrt{a}$.

**EXEMPLES** $\sqrt{25} = 5$ ; $\sqrt{56{,}25} = 7{,}5$.

## III Notation scientifique

Tout nombre positif $x$ peut s'écrire sous la forme : $x = a \times 10^n$ où $1 \leqslant a < 10$ et $n$ est un entier relatif.

**EXEMPLES** $2{,}7512 \times 10^2$ est l'écriture scientifique de 275,12.
$5{,}4 \times 10^{-3}$ est l'écriture scientifique de 0,0054.

## Méthodes

### 1 Écrire des nombres en notation scientifique

Écrire $C = 0{,}00000543$ ; $D = 432{,}65$ et $E = 21{,}65 \times 10^3$ en notation scientifique.

**SOLUTION**
$C = \frac{5{,}43}{1\,000\,000} = \frac{5{,}43}{10^6}$, soit $C = 5{,}43 \times 10^{-6}$ (rappel : $\frac{1}{10^n} = 10^{-n}$).
De même, $D = 4{,}3265 \times 10^2$ et $E = 2{,}165 \times 10^4$.

### 2 Passer d'une écriture décimale à une écriture fractionnaire, et inversement

a. Soit $A = \frac{7}{4}$. Donner une écriture décimale de $A$.
b. Soit $B = 2{,}3$. Donner une écriture fractionnaire de $B$.
c. Soit $C = \frac{11}{3}$. Donner une écriture décimale de $C$.

**SOLUTION**
a. $A = 1{,}75$.
b. $B = \frac{23}{10}$.
c. $C = \frac{11}{3} \approx 3{,}66666...$ Le nombre de chiffres après la virgule n'est pas fini, donc $C$ n'a pas d'écriture décimale.

### 3 Utiliser des puissances de 10

La distance de la Terre à la Lune est environ égale à $d_1 = 384\,000$ km et celle de la Terre au Soleil à environ $d_2 = 149\,600\,000$ km.
Donner l'écriture scientifique de ces deux distances.

**Attention**
N'oubliez pas de donner l'unité lorsqu'il y en a une !

**SOLUTION**
$d_1 = 3{,}84 \times 10^5$ km et $d_2 = 1{,}496 \times 10^8$ km.

# Calculer avec des fractions

5

☐ OK

## I Règles de calcul sur les fractions

- Pour **additionner** (ou **soustraire**) deux fractions, on les réduit au même dénominateur, puis on additionne (ou on soustrait) les numérateurs et on conserve le dénominateur commun.
- Pour **multiplier** deux fractions, on multiplie les numérateurs entre eux et les dénominateurs entre eux.
- Pour **diviser** deux fractions, on multiplie la fraction numérateur par l'inverse de la fraction dénominateur.

## II Règles de priorité

Dans une expression qui comporte plusieurs opérations, on effectue les calculs dans l'ordre suivant :

1. Commencer par effectuer les calculs entre parenthèses (s'il y en a !).
2. Effectuer toujours les multiplications et les divisions avant les additions et les soustractions.
3. S'il n'y a que des additions et des soustractions, les effectuer dans l'ordre où elles sont indiquées.

S'il n'y a que des multiplications et des divisions, les effectuer dans l'ordre où elles sont indiquées.

**EXEMPLE** $B=\left(-\frac{3}{4}+\frac{1}{4}\right)\times\frac{1}{2}-\frac{5}{8}$

$B=-\frac{2}{4}\times\frac{1}{2}-\frac{5}{8}$

$B=-\frac{2}{8}-\frac{5}{8}=-\frac{7}{8}$

## III Inverse, opposé

- Deux nombres sont **opposés** si leur somme est nulle.

**EXEMPLES** $-5$ est l'opposé de 5 ;

$-\frac{1}{3}$ est l'opposé de $\frac{1}{3}$.

- Deux nombres sont **inverses** si leur produit est 1.

**EXEMPLES** $\frac{1}{5}$ est l'inverse de 5 ; $-\frac{1}{3}$ est l'inverse de $-3$.

## Méthodes

### 1 Calculer avec des fractions

Soient les fractions $A = \frac{7}{9}$ ; $B = -\frac{2}{7}$ ; $C = \frac{5}{3}$ ; $D = -\frac{9}{14}$.

Calculer $E = A + B$ ; $F = D - C$ ; $G = A \times B$ et $H = \frac{C}{D}$.

**SOLUTION**

$E = \frac{7}{9} - \frac{2}{7}$, soit $E = \frac{7 \times 7}{9 \times 7} - \frac{2 \times 9}{7 \times 9}$ d'où $E = \frac{49}{63} - \frac{18}{63}$

ou encore $E = \frac{31}{63}$.

$F = -\frac{9}{14} - \frac{5}{3}$, soit $F = -\frac{27}{42} - \frac{70}{42}$ ou encore $F = -\frac{97}{42}$.

$G = \frac{7}{9} \times \left(-\frac{2}{7}\right)$, soit $G = \frac{7 \times (-2)}{9 \times 7}$ ou encore $G = -\frac{2}{9}$.

$H = \frac{\frac{5}{3}}{-\frac{9}{14}}$, soit $H = \frac{5}{3} \times \left(-\frac{14}{9}\right)$ d'où $H = -\frac{70}{27}$.

### 2 Utiliser les règles de priorité

Soient les expressions $A = \left(2 - \frac{3}{2}\right)\left(\frac{2}{3} - 3\right)$ et $B = \frac{3}{10} + \frac{3}{7} \div \frac{5}{14}$.

**Calculer $A$ et $B$ en donnant les résultats sous la forme de fractions irréductibles.**

**SOLUTION**

On commence par effectuer les calculs entre parenthèses. Pour cela, réduisons les fractions au même dénominateur :

$A = \left(\frac{4}{2} - \frac{3}{2}\right)\left(\frac{2}{3} - \frac{9}{3}\right) = \left(\frac{4-3}{2}\right) \times \left(\frac{2-9}{3}\right)$, soit $A = \left(\frac{1}{2}\right) \times \left(-\frac{7}{3}\right)$.

Multiplions les numérateurs entre eux et les dénominateurs entre eux :

$A = \frac{1 \times (-7)}{2 \times 3}$ ou encore $A = -\frac{7}{6}$.

Diviser par $\frac{5}{14}$, c'est multiplier par $\frac{14}{5}$. D'où $B = \frac{3}{10} + \frac{3}{7} \times \frac{14}{5}$.

On effectue la multiplication en premier :

$B = \frac{3}{10} + \frac{3 \times 14}{7 \times 5} = \frac{3}{10} + \frac{6}{5} = \frac{3}{10} + \frac{12}{10}$, soit $B = \frac{3}{2}$.

Avez-vous bien révisé les fiches 3 à 5 ? On vérifie !

# Calculs avec diverses représentations des nombres

## 1 Règles de calcul

▶ FICHE 3

Soit $F = -3(8 \div 4) + 5(2 - 7)$. Alors $F$ est égal à :

☐ **a.** $-31$ ☐ **b.** $-3$ ☐ **c.** $-121$

## 2 Écritures décimales et puissances

▶ FICHE 4

Le nombre $10^{-5}$ peut aussi s'écrire :

☐ **a.** $-10{,}5$ ☐ **b.** $0{,}00001$ ☐ **c.** $-10\,000$

☐ **d.** $\dfrac{1}{100\,000}$

## 3 Écritures fractionnaires

▶ FICHE 4

1,125 admet pour écriture fractionnaire :

☐ **a.** $\dfrac{18}{16}$ ☐ **b.** $\dfrac{112{,}5}{100}$ ☐ **c.** $\dfrac{1\,125}{10\,000}$

## 4 Notation scientifique

▶ FICHE 4

Une bactérie mesure 0,2 mm. Sa taille en notation scientifique est :

☐ **a.** $\dfrac{1}{2 \times 10^{-4}}$ m ☐ **b.** $2 \times 10^{-4}$ m ☐ **c.** $2 \times 10^{-3}$ m

## 5 Somme et produit de fractions

▶ FICHE 5

Soit $F = -\dfrac{1}{2} \times \dfrac{3}{4} + \dfrac{2}{5} \div \dfrac{4}{15}$. Alors la fraction irréductible égale à $F$ est : ☐ **a.** $\dfrac{9}{8}$ ☐ **b.** $\dfrac{15}{160}$ ☐ **c.** $\dfrac{45}{40}$

# CORRIGÉS

## 1 Règles de calcul

**Réponse a.**

$F = -3 \times 2 + 5 \times (-5) = -31$

## 2 Écritures décimales et puissances

**Réponses b et d.**

$10^{-5} = \dfrac{1}{10^5} = \dfrac{1}{100\,000}$ en fraction décimale,

ou encore $10^{-5} = 0{,}00001$ en écriture décimale.

## 3 Écritures fractionnaires

**Réponses a et b.**

La division de 18 par 16 donne 1,125.

Il en est de même de la division de 112,5 par 100.

En revanche, la division de 1 125 par 10 000 donne 0,1125.

## 4 Notation scientifique

**Réponse b.**

0,2 mm correspond à $0{,}2 \times 10^{-3}$ m ou encore $2 \times 10^{-4}$ m.

## 5 Somme et produit de fractions

**Réponse a.**

Appliquons les règles de priorité :

$F = \left(-\dfrac{1 \times 3}{2 \times 4}\right) + \left(\dfrac{2}{5} \times \dfrac{15}{4}\right)$

$F = -\dfrac{3}{8} + \dfrac{3}{2}$ ou encore

$F = -\dfrac{3}{8} + \dfrac{12}{8}$, soit

$F = \dfrac{9}{8}$.

La réponse **c** ne peut pas convenir car la fraction $\dfrac{45}{40}$ n'est pas irréductible.

# Rechercher des multiples et des diviseurs

7

☐ OK

## I Multiples et diviseurs

- L'entier naturel non nul $a$ est un **multiple** de l'entier naturel $b$ s'il existe un entier $m$ tel que $a = m \times b$.

**EXEMPLE**

91 est un multiple de 13 car $91 = 7 \times 13$ ;
91 est aussi un multiple de 7.

- L'entier naturel non nul $d$ est un **diviseur** de l'entier naturel $a$ si la division de $a$ par $d$ se fait exactement, c'est-à-dire sans reste.

**EXEMPLES**

- 5 est un diviseur de 15, car la division de 15 par 5 ne donne pas de reste.
- 11 n'est pas un diviseur de 28, car la division de 28 par 11 donne un reste qui vaut 6.

**À savoir**

Le nombre 1 est un diviseur de tous les nombres !

## II Critères de divisibilité

Un nombre entier est divisible…

- **par 2** si son chiffre des unités est 0 ou un nombre pair. **EXEMPLE** 146
- **par 3** si la somme de ses chiffres est un multiple de 3. **EXEMPLE** 258
- **par 4** si le nombre formé par ses deux derniers chiffres est un multiple de 4. **EXEMPLE** 5 468
- **par 10** s'il se termine par 0. **EXEMPLE** 750
- **par 5** s'il se termine par 0 ou 5. **EXEMPLE** 285

**Conseil**

Ces critères sont à connaître par cœur : ils permettent de gagner beaucoup de temps !

## Méthodes

### 1 Rechercher des multiples communs de deux entiers naturels

Soient les entiers 15 et 18.
Trouver leur(s) multiple(s) commun(s) inférieurs à 140.

**Conseil**
Vous devez établir la liste des multiples de chacun des deux nombres, puis repérer ceux qui sont communs.

**SOLUTION**
- Les multiples de 15 inférieurs à 140 sont : 15 ; 30 ; 45 ; 60 ; 75 ; 90 ; 105 ; 120 et 135.
- Les multiples de 18 inférieurs à 140 sont : 18 ; 36 ; 54 ; 72 ; 90 ; 108 et 126.
- Conclusion : il existe un seul multiple commun à 15 et 18 qui soit inférieur à 140. Il s'agit de 90.

### 2 Rechercher les diviseurs d'un entier naturel

Quels sont les 12 diviseurs du nombre 60 ?

**SOLUTION**
Nous pouvons remarquer que $60 = 2 \times 2 \times 3 \times 5$.
Les diviseurs de 60 sont :
1 ; 2 ; 3 ; 4 ; 5 ; 6 ; 10 ; 12 ; 15 ; 20 ; 30 et 60.

### 3 Résoudre un problème grâce à la divisibilité

Deux coureurs cyclistes A et B parcourent, à vitesse constante et dans le même sens, une piste circulaire. Ils partent en même temps du même point. A effectue un tour de piste en 20 s alors que B a besoin de 25 s.

Au bout de combien de temps A et B repasseront-ils pour la première fois en même temps au point de départ ?

**Conseil**
Cela revient à chercher le plus petit multiple commun des deux nombres 20 et 25.

**SOLUTION**
Si A fait un tour en 20 s, alors il passe par le point de départ toutes les 20 s. Les multiples de 20 sont : 20 ; 40 ; 60 ; 80 ; 100 ; 120, etc.
B passe par le point de départ toutes les 25 s. Les multiples de 25 sont : 25 ; 50 ; 75 ; 100 ; 125, etc.
Le plus petit multiple commun de 20 et de 25 est 100. Après 100 s, A et B repassent pour la première fois ensemble au point de départ.

# Comprendre les nombres premiers

8

☐ OK

## I Division euclidienne

Lorsque l'on divise un entier naturel $a$ par un entier naturel $b$, on trouve un entier naturel $q$ et il reste un entier naturel $r$.

Si :

$$\begin{array}{r|l} a & b \\ \cline{2-2} \dots & q \\ r & \end{array}$$

On a alors :

$$\underset{\text{dividende}}{a} = \underset{\text{diviseur}}{b} \times \underset{\text{quotient}}{q} + \underset{\text{reste}}{r}$$

**EXEMPLE** Si on divise 69 par 19, on trouve le quotient 3 et il reste 12. On a $69 = 19 \times 3 + 12$.

## II Nombres premiers

- Un **nombre premier** est un entier naturel divisible **seulement** par lui-même et par 1.

**EXEMPLES**

- 31 est un nombre premier car il est divisible seulement par 31 et 1.
- 35 n'est pas un nombre premier car il est divisible, entre autres, par 5.

> **À savoir**
> Un entier est divisible par un autre entier si le reste est nul dans la division euclidienne de ces deux nombres.

- Il existe 25 nombres premiers inférieurs à 100 :

| | | | | | | | | | | | | | |
|---|---|---|---|---|---|---|---|---|---|---|---|---|---|
| 2 | 3 | 5 | 7 | 11 | 13 | 17 | 19 | 23 | 29 | 31 | 37 | 41 | 43 |
| 47 | 53 | 59 | 61 | 67 | 71 | 73 | 79 | 83 | 89 | 97 | | | |

- Décomposer un nombre $n$ en un **produit de facteurs premiers**, c'est écrire ce nombre en un produit de nombres premiers.

**EXEMPLE**

La décomposition en produit de facteurs premiers de $n = 42$ est : $n = 2 \times 3 \times 7$.

## Méthodes

### 1 Décomposer un nombre en un produit de facteurs premiers

Décomposer le nombre 84 en un produit de facteurs premiers.

**Conseils**

Essayez de diviser le nombre donné par les nombres premiers successifs en commençant par le plus petit (c'est-à-dire 2). Arrêtez-vous quand le quotient vaut 1 !

**SOLUTION**

| Quotients obtenus successivement | Diviseurs du nombre, dans l'ordre croissant |
|---|---|
| **84** | 2 |
| 42 | 2 |
| 21 | 3 |
| 7 | 7 |
| **1** | |

Nous obtenons donc :
$84 = 2 \times 2 \times 3 \times 7$
ou encore $84 = 2^2 \times 3 \times 7$.

### 2 Simplifier une fraction

Rendre la fraction $F = \dfrac{168}{140}$ irréductible.

**Conseils**

Commencez par décomposer le numérateur et le dénominateur de la fraction en produits de facteurs premiers. Puis simplifiez.

**SOLUTION**

$168 = 2 \times 2 \times 2 \times 3 \times 7 = 2^3 \times 3 \times 7$ et
$140 = 2 \times 2 \times 5 \times 7 = 2^2 \times 5 \times 7$.

Alors : $F = \dfrac{\cancel{2} \times \cancel{2} \times 2 \times 3 \times \cancel{7}}{\cancel{2} \times \cancel{2} \times 5 \times \cancel{7}}$

$F = \dfrac{2 \times 3}{5}$ ou encore

$F = \dfrac{6}{5}$.

# Divisibilité et nombres premiers

## 1 Multiples et diviseurs

▶ FICHE 7

**1.** Quels sont les multiples de 34 ?

☐ **a.** 136 ☐ **b.** 17 ☐ **c.** 374

**2.** Un des diviseurs de 69 est :

☐ **a.** 138 ☐ **b.** 34,5 ☐ **c.** 23

## 2 Critères de divisibilité

▶ FICHE 7

Le nombre entier naturel 285 est divisible par :

☐ **a.** 3 uniquement ☐ **b.** 3 et 5 ☐ **c.** 10

## 3 Nombres premiers

▶ FICHE 8

Parmi ces nombres, lesquels sont des nombres premiers ?

☐ **a.** 33 ☐ **b.** 61 ☐ **c.** 91

## 4 Décomposition d'un nombre en un produit de facteurs premiers

▶ FICHE 8

On veut décomposer 198 en un produit de facteurs premiers. On obtient :

☐ **a.** $2 \times 3^2 \times 11$ ☐ **b.** $6 \times 3 \times 11$ ☐ **c.** $2 \times 3 \times 3 \times 11$

## 5 Simplification d'une fraction

▶ FICHE 8

Soit $F = \frac{78}{132}$. La fraction irréductible égale à $F$ est :

☐ **a.** $\frac{39}{66}$ ☐ **b.** $\frac{13}{22}$ ☐ **c.** $\frac{22}{13}$

# CORRIGÉS

## 1 Multiples et diviseurs

**1. Réponses a et c.** $136 = 4 \times 34$ et $374 = 11 \times 34$

Donc 136 et 374 sont des multiples de 34.

Ne pas confondre : 17 est un diviseur de 34.

**2. Réponse c.** $69 = 3 \times 23$. Donc 23 est un diviseur de 69.

On a bien $69 = 2 \times 34{,}5$ mais un diviseur est un nombre entier.

## 2 Critères de divisibilité

**Réponse b.** $2 + 8 + 5 = 15$.

Or 15 est un multiple de 3, donc 285 est divisible par 3.

Le chiffre des unités du nombre 285 est 5. Donc 285 est divisible par 5.

Conclusion : 285 est divisible par 3 et par 5.

Le chiffre des unités du nombre 285 n'est pas 0, donc 285 n'est pas divisible par 10.

## 3 Nombres premiers

**Réponse b.** 61 n'est divisible ni par 2, ni par 3, ni par 5, ni par 7…

61 est donc un nombre premier.

33 est divisible par 3, donc ce n'est pas un nombre premier.

91 est divisible par 7, donc ce n'est pas un nombre premier.

## 4 Décomposition d'un nombre en un produit de facteurs premiers

**Réponses a et c.** $198 = 2 \times 3^2 \times 11$ ou encore $198 = 2 \times 3 \times 3 \times 11$.

2, 3 et 11 sont bien des nombres premiers.

La réponse **b** n'est pas exacte car 6 n'est pas un nombre premier.

## 5 Simplification d'une fraction

**Réponse b.** $F = \dfrac{2 \times 3 \times 13}{2 \times 2 \times 3 \times 11}$ et, après simplification, on trouve $F = \dfrac{13}{2 \times 11}$ ou encore $F = \dfrac{13}{22}$.

# Développer et factoriser une expression

10

☐ OK

**Le développement et la factorisation sont deux manières de transformer l'écriture d'expressions mathématiques.**

## I La propriété de distributivité

La multiplication est **distributive** par rapport à l'addition, c'est-à-dire que, quels que soient les nombres $a$, $b$, $c$ et $d$, on a :

- $a \times (b + c) = a \times b + a \times c$
- $(a + b) \times (c + d) = a \times c + a \times d + b \times c + b \times d$

**Mot clé**

La **double distributivité** consiste à appliquer deux fois la simple distributivité dans une même expression.

## II Développer une expression

Développer, c'est transformer **un produit en somme**.

Pour cela, on utilise la plupart du temps la propriété de distributivité énoncée ci-dessus.

## III Factoriser une expression

Factoriser, c'est transformer **une somme en produit**.

Pour cela, on utilise :

- soit la propriété de distributivité ;

- $a \times b + a \times c = a \times (b + c)$
- $(ax + b) \times c + (ax + b) \times d = (ax + b)(c + d)$

**Mot clé**

Le nombre $a$ est un **facteur commun** aux deux termes de la somme. De même pour $(ax + b)$ dans la seconde expression.

- soit l'identité remarquable suivante.

$$a^2 - b^2 = (a + b)(a - b)$$

## Méthodes

### 1 Développer et réduire

Développer puis réduire les expressions suivantes.

- $A = 5x(2x - 4)$
- $B = (2x - 5)(-4x + 3)$

**SOLUTION**

- $A = 5x(2x - 4)$ — On développe.
  $A = 5x \times 2x - 5x \times 4$ — On réduit.
  $A = 10x^2 - 20x$

- $B = (2x - 5)(-4x + 3)$ — On développe.
  $B = 2x \times (-4x) + 2x \times 3 - 5 \times (-4x) - 5 \times 3$ — On réduit.
  $B = -8x^2 + 26x - 15$

### 2 Factoriser

Factoriser les expressions suivantes.

- $A = 3x^2 - 9x$
- $B = (2x + 7)^2 - 3(2x + 7)(-x + 1)$
- $C = 36x^2 - 25$

**Conseils**

- Pour factoriser *A* et *B*, utilisez la propriété de la distributivité.
- Pour factoriser *C*, utilisez l'identité remarquable du cours.

**SOLUTION**

- $A = 3x \times x - 3x \times 3$ — On met $3x$ en facteur.
  $A = 3x(x - 3)$

- $B = (2x + 7)(2x + 7) - 3(2x + 7)(-x + 1)$ — On met $(2x + 7)$ en facteur.
  $B = (2x + 7)[2x + 7 - 3(-x + 1)]$
  $B = (2x + 7)(2x + 7 + 3x - 3)$
  $B = (2x + 7)(5x + 4)$

- Pour C, remarquons que $36x^2 = (6x)^2$ et que $25 = (5)^2$.
  $C = (6x)^2 - (5)^2$
  $C = (6x + 5)(6x - 5)$

# Résoudre une équation

11

☐ OK

**Quels sont les différents types d'équation et quelles sont les méthodes pour les résoudre ?**

## I Résoudre une équation

Résoudre une équation, c'est trouver la ou les valeurs de l'inconnue (souvent désignée par $x$) vérifiant l'équation. On obtient ainsi la ou les solutions de l'équation.

## II Équation produit

- Une équation produit est une équation de la forme :
$(ax + b)(cx + d) = 0$, où $a$, $b$, $c$ et $d$ sont donnés et $x$ est l'inconnue.
- Pour la résoudre, on utilise le théorème suivant :
si un produit de facteurs est nul, alors l'un au moins des facteurs est nul.
Ou encore : si $A \times B = 0$, alors $A = 0$ ou $B = 0$.

## III Équation du second degré du type $x^2 = a$

Une équation est du second degré s'il y figure au moins un terme en $x^2$.
Résoudre l'équation $x^2 = a$, avec $a > 0$, revient à trouver le ou les nombres dont le carré est $a$ : $x^2 = a$ admet 2 solutions, $x = \sqrt{a}$ et $x = -\sqrt{a}$.

## Méthodes

### 1 Résoudre une équation du type $ax + b = 0$

Résoudre les équations suivantes :

a. $3x + 1 = 0$

b. $2(3x - 1) = 3(-5x + 2)$

**Conseils**

Si aucune factorisation n'est possible, alors il faut :
1. développer les produits dans les deux membres ;
2. regrouper les termes relatifs à l'inconnue dans un membre et les termes connus dans l'autre membre ;
3. simplifier afin d'obtenir une équation de la forme $ax = b$.

Si $a \neq 0$, alors l'équation admet $x = \dfrac{b}{a}$ pour solution.

**SOLUTION**

a. $3x + 1 = 0$ ou encore $3x = -1$, soit $x = -\frac{1}{3}$.

b. Pour cette équation, on suit les 3 étapes citées ci-dessus.
1. En développant, on obtient : $6x - 2 = -15x + 6$.
2. En regroupant, on obtient : $6x + 15x = 6 + 2$.
3. En simplifiant, on obtient : $21x = 8$.

Alors $x = \frac{8}{21}$ est la solution de l'équation.

## 2 Résoudre une équation produit

Résoudre les équations suivantes :

a. $(-3x + 4)(2x + 9) = 0$

b. $(5x - 3)^2 - 4x(5x - 3) = 0$

**SOLUTION**

a. Puisque nous avons un produit de facteurs nul, alors l'un au moins des facteurs est nul, donc : $-3x + 4 = 0$, soit $-3x = -4$, d'où $x = \frac{4}{3}$ ou bien $2x + 9 = 0$, soit $2x = -9$, d'où $x = -\frac{9}{2}$.

Conclusion : les solutions de l'équation sont $\frac{4}{3}$ et $-\frac{9}{2}$.

b. Nous pouvons mettre $(5x - 3)$ en facteur.

$(5x - 3)[(5x - 3) - 4x] = 0$

$(5x - 3)(x - 3) = 0$

Puisque nous avons un produit de facteurs nul, alors l'un au moins des facteurs est nul.

Donc $5x - 3 = 0$

soit $5x = 3$, d'où $x = \frac{3}{5}$

ou bien $x - 3 = 0$ soit $x = 3$.

Conclusion : les solutions de l'équation sont $\frac{3}{5}$ et 3.

**Attention**

N'oubliez pas de **vérifier** les résultats obtenus en remplaçant *x* par la ou les solutions dans l'équation donnée.

# Mettre un problème en équation

12

☐ OK

Pour mettre un problème en équation et en trouver la solution, il faut suivre les étapes suivantes.

- **Étape 1. Choisir l'inconnue** (la plupart du temps, on choisit pour inconnue le nombre recherché dans le problème).
- **Étape 2. Traduire** l'énoncé du problème **par une équation**.
- **Étape 3. Résoudre l'équation** obtenue.
- **Étape 4. Conclure** par rapport à l'énoncé.

## Méthodes

### 1 Mettre un problème simple en équation

Georges possède un jardin rectangulaire dont le périmètre mesure 40 m. Sa longueur mesure 4 m de plus que sa largeur.
Quelles sont les dimensions du jardin ?

**SOLUTION**

Étape 1. Choix de l'inconnue
On choisit comme inconnue $x$ une valeur à déterminer ; ici, comme la longueur est définie par rapport à la largeur, on choisit la largeur comme inconnue :
Soit $x$ la largeur en mètres du jardin.

Étape 2. Traduction de l'énoncé en équation
Soit $x$ la largeur du jardin. Alors sa longueur mesure $(x + 4)$.
Le périmètre d'un rectangle mesure $2 \times$ (largeur + Longueur).
Ici, le périmètre est de 40 m, on a donc $2 \times [x + (x + 4)] = 40$.

Étape 3. Résolution de l'équation
On a $2 \times (2x + 4) = 40$
soit $4x + 8 = 40$ ou encore $4x = 32$
c'est-à-dire $x = 8$.

Étape 4. Conclusion
La largeur du jardin mesure 8 m et sa longueur mesure 12 m.

**Conseils**

**Étape 1.**
Pensez à préciser l'unité du $x$ choisi.
**Étape 2.**
Utiliser la formule donnant le périmètre d'un rectangle.

**Attention**

Il ne faut pas oublier de **conclure** par rapport à l'énoncé : la solution de l'équation n'est pas la réponse au problème !

## 2 Identifier une solution impossible

Aujourd'hui Zoé a 12 ans et Antoine en a 42.
**Dans combien d'années l'âge d'Antoine sera-t-il le quadruple de celui de Zoé ?**

**SOLUTION**

**Étape 1. Choix de l'inconnue**

Soit $x$ le nombre d'années dans lequel Antoine aura le quadruple de l'âge de Zoé.

**Étape 2. Traduction de l'énoncé en équation**

Dans $x$ années, Antoine aura $42 + x$ ans et Zoé sera âgée de $12 + x$ ans. On cherche donc à résoudre l'équation :
$42 + x = 4(12 + x)$

**Étape 3. Résolution de l'équation**

Nous avons $42 + x = 4 \times 12 + 4x$,
soit $42 + x = 48 + 4x$
ou encore $3x = -6$.
Cette équation admet pour solution $x = -2$.

**Étape 4. Conclusion**

L'équation admet mathématiquement une solution, mais le problème posé est impossible car $x$ représente un nombre d'années dans le futur. Il ne peut donc pas être négatif ici !
L'âge d'Antoine ne sera jamais le quadruple de celui de Zoé. Cet événement s'est déjà déroulé… il y a 2 ans !

**Attention**

Il faut toujours vérifier le résultat : Est-ce que la valeur trouvée a du sens par rapport à l'énoncé ? Apporte-t-elle bien une réponse à la question posée ?

## 3 Mettre un énoncé de géométrie en équation

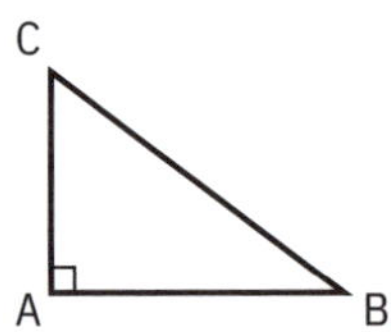


**On donne un triangle rectangle ABC où AB = 4 cm et AC = 3 cm. Calculer BC.**

**SOLUTION**

D'après le théorème de Pythagore : $BC^2 = AB^2 + AC^2$
Soit $BC^2 = 4^2 + 3^2 = 25$
d'où $BC = \sqrt{25} = 5$.

# Valider ou réfuter une conjecture

13

☐ OK

## 1 Conjecturer, puis vérifier la conjecture

- Une **conjecture** est une supposition, une hypothèse que l'on pressent être vraie.
- **Valider** une conjecture signifie démontrer qu'elle est exacte.
- **Réfuter** une conjecture signifie démontrer qu'elle est fausse.

**Attention**

Une conjecture vérifiée par un exemple n'est pas nécessairement vraie en général. En revanche, un contre-exemple suffit pour réfuter une conjecture.

**Méthodes**

### 1 Émettre puis démontrer une conjecture

Voici un programme de calcul.
- Prendre un nombre.
- Lui ajouter 0,5.
- Élever au carré le dernier résultat.
- Soustraire 0,25.
- Enlever le carré du nombre de départ.

a. Appliquer ce programme de calcul aux nombres 3, – 2, $\frac{5}{2}$.

b. Que remarquez-vous ? Que pouvez-vous alors conjecturer ?

c. Démontrer cette conjecture.

**SOLUTION**

a. Avec 3 comme nombre de départ, on obtient les différents résultats suivants : $3 \to 3{,}5 \to 12{,}25 \to 12 \to 3$.
Avec – 2 au départ, on obtient : $-2 \to -1{,}5 \to 2{,}25 \to 2 \to -2$.
Avec $\frac{5}{2}$ au départ, on obtient : $\frac{5}{2} \to 3 \to 9 \to 8{,}75 \to 2{,}5 \left(\text{ou } \frac{5}{2}\right)$.

b. Pour les trois nombres choisis, nous remarquons que le résultat obtenu est égal au nombre de départ.
Nous pouvons alors conjecturer que ce programme donne pour résultat final le nombre de départ, quel que soit ce nombre.

c. On choisit $x$ comme nombre de départ.
- On lui ajoute 0,5 : on obtient $x + 0{,}5$.

- On élève au carré : on trouve $(x+0{,}5)^2$, c'est-à-dire $x^2+x+0{,}25$ car $(x+0{,}5)^2=(x+0{,}5)\times(x+0{,}5)=x^2+0{,}5x+0{,}5x+0{,}25$ $=x^2+x+0{,}25$.
- On soustrait 0,25 : on obtient $x^2+x$.
- On enlève le carré du nombre de départ, c'est-à-dire $x^2$ : donc on obtient $x$.
- La conjecture est ainsi démontrée.

## 2 Émettre puis réfuter une conjecture

Arthur prend la liste des 100 premiers nombres premiers et calcule les différences entre deux nombres premiers consécutifs.

Il trouve : 1 – 2 – 2 – 4 – 2 – 4 et s'arrête à la différence entre 17 et 19, qui vaut 2.

Il dit alors : « J'ai compris ! J'émets la conjecture suivante : la différence entre deux nombres premiers consécutifs est toujours inférieure ou égale à 4. »

**En utilisant un contre-exemple, peut-on réfuter cette conjecture ?**

**SOLUTION**

Si l'on considère la liste des 100 premiers nombres premiers, on remarque que 23 et 29 sont deux nombres premiers consécutifs dont la différence est égale à 6. La conjecture est ainsi réfutée.

## 3 Émettre puis démontrer une conjecture en géométrie

Soit un triangle ABC tel que AB = 2 cm, AC = 1,5 cm et BC = 2,5 cm.

**a. Au brouillon, faire une figure à l'échelle. Émettre une conjecture sur la nature du triangle ABC.**

**b. Démontrer ou réfuter cette conjecture.**

**SOLUTION**

a. Nous pouvons émettre la conjecture : le triangle ABC est rectangle en A.

b. $AB^2 = 2^2 = 4$ ;
$AC^2 = 1{,}5^2 = 2{,}25$ ;
$BC^2 = 2{,}5^2 = 6{,}25$ ; et $4 + 2{,}25 = 6{,}25$
soit $AB^2 + AC^2 = BC^2$.

D'après la réciproque du théorème de Pythagore, le triangle ABC est rectangle en A. ▶ FICHE 42 La conjecture émise est ainsi démontrée.

# Quiz EXPRESS

Avez-vous bien révisé les fiches 10 à 13 ? On vérifie !

14

## Calcul littéral – Équations

### 1 Comparer deux expressions

FICHE 10

Soient $C = 3x(-2x+4)+2x$ et $D = -6x^2+14x$. Alors :

☐ a. $C = D$ pour toute valeur de $x$.

☐ b. On ne peut pas savoir si $C = D$ pour toute valeur de $x$.

### 2 Factoriser une expression

FICHE 10

1. Soit $F = 8x^2 - 10x$. Alors :

☐ a. $F = 2x(4x-5)$

☐ b. $F = x(8x-10)$

☐ c. $F = -2x$

2. Soit $G = 2x(-x+1) - x(3x+4)$. Alors :

☐ a. $G = 3(-x-1)$

☐ b. $G = x(x-2)$

☐ c. $G = x(-5x-2)$

### 3 Résoudre des équations

FICHE 11

1. La ou les solution(s) de l'équation $(-2x+1)-(3x+5)=0$ est(sont) :

☐ a. $\frac{1}{2}$ et $-\frac{5}{3}$ ☐ b. $-0{,}8$ ☐ c. $-\frac{1}{2}$ et $\frac{5}{3}$

2. La solution de l'équation $\frac{1}{4}x - \frac{1}{3} = \frac{3}{4} + \frac{x}{3}$ est :

☐ a. $-13$ ☐ b. $-\frac{13}{12}$ ☐ c. $13$

3. Les solutions de l'équation $(2x-1)(-3x+2)=0$ sont :

☐ a. $\frac{1}{2}$ et $\frac{2}{3}$ ☐ b. $-\frac{1}{2}$ et $-\frac{2}{3}$ ☐ c. 0,50 et 0,66

## CORRIGÉS

### 1 Comparer deux expressions

**Réponse a.**

Utilisons la propriété de distributivité pour développer C.

Alors $C = -6x^2 + 12x + 2x$ ou encore $C = -6x^2 + 14x$.

Donc $C = D$ pour toute valeur de $x$.

### 2 Factoriser une expression

**1. Réponses a et b.**

Si on met $2x$ en facteur, on obtient $F = 2x(4x - 5)$.

Si on met $x$ en facteur, on obtient $F = x(8x - 10)$.

**2. Réponse c.**

Mettons $x$ en facteur : $G = x\left[2(-x+1) - (3x+4)\right]$

$G = x\left[-2x + 2 - 3x - 4\right]$ soit $G = x\left[-5x - 2\right]$.

### 3 Résoudre des équations

**1. Réponse b.**

L'équation s'écrit aussi $-2x + 1 - 3x - 5 = 0$ ou encore $-5x = 4$.

Alors $x = \frac{4}{-5}$ soit $x = -0{,}8$.

**2. Réponse a.**

Mettons toutes les fractions au même dénominateur.

$\frac{3x}{12} - \frac{4}{12} = \frac{9}{12} + \frac{4x}{12}$, d'où $3x - 4 = 9 + 4x$. On obtient $x = -13$.

**3. Réponse a.**

Puisque nous avons un produit de facteur nul, alors l'un au moins des facteurs est nul. Donc $2x - 1 = 0$ soit $x = \frac{1}{2}$ ou $-3x + 2 = 0$ soit $x = \frac{2}{3}$.

# FLASHCARDS

15

Mémorisez les idées clés des fiches 3 à 14.

## Nombres et calculs

**1**

Quelle est la règle des signes dans une multiplication ?

▶ FICHE 3

**2**

Calculez chacune des puissances suivantes : $3^2$, $2^5$, $4^3$.

▶ FICHE 4

**3**

Comment calculer le produit de 2 fractions ?

▶ FICHE 5

**4**

Quelle est la définition d'un nombre premier ?

▶ FICHE 8

**5**

Décomposez 495 en un produit de facteurs premiers.

▶ FICHE 8

**6**

Que signifie développer une expression ?

▶ FICHE 10

**7**

Factorisez $10x + 5$.

▶ FICHE 10

**8**

Que peut-on affirmer quand un produit de facteurs est nul ?

▶ FICHE 11

## RÉPONSES

**Efforcez-vous de répondre aux questions par vous-même avant de consulter les réponses, puis révisez régulièrement pour bien mémoriser.**

### 2

$3^2 = 3 \times 3 = 9$

$2^5 = 2 \times 2 \times 2 \times 2 \times 2 = 32$

$4^3 = 4 \times 4 \times 4 = 64$

Rappel : $a$ désigne un nombre non nul et $n$ un entier naturel.

$a^n = a \times a \times \ldots \times a \times a$

$n$ fois de suite.

### 1

- Le produit de deux nombres de même signe est positif.
Ex. : $(-7) \times (-8) = +56$
- Le produit de deux nombres de signes différents est négatif.
Ex. : $(+2) \times (-4) = -8$

### 4

**Un nombre premier** est un entier naturel divisible seulement par 1 et par lui-même.

Exemple : les 6 nombres premiers compris entre 1 et 15 sont : 2 ; 3 ; 5 ; 7 ; 11 ; 13.

### 3

**Pour multiplier 2 fractions,** on multiplie les numérateurs entre eux et les dénominateurs entre eux.

Exemple : $\frac{2}{3} \times \frac{5}{7} = \frac{2 \times 5}{3 \times 7} = \frac{10}{21}$

### 6

**Développer une expression** signifie transformer un produit en somme.

Exemple : $3 \times (2x + 1) = 6x + 3$

### 5

Les nombres 3, 5, 11 sont premiers donc

$495 = 3 \times 3 \times 5 \times 11$ ou encore

$495 = 3^2 \times 5 \times 11$

### 8

Si un produit de facteurs est nul, alors l'un au moins des facteurs est nul.

Exemple :
Si $(-x + 2) \times (2x - 6) = 0$ alors
$-x + 2 = 0$ ou $2x - 6 = 0$

### 7

**Factoriser une expression** signifie transformer une somme en produit.
On a donc :

$10x + 5 = 5 \times (2x + 1)$

# Représenter une série statistique

16

☐ OK

On peut représenter une série statistique à l'aide de différentes représentations graphiques.

## I Le diagramme en barres

- Le caractère étudié est en abscisse, tandis que les effectifs correspondants sont en ordonnée.
- La hauteur de chaque barre est proportionnelle à l'effectif : plus l'effectif est grand, plus la barre est haute, et plus le caractère est fréquent.

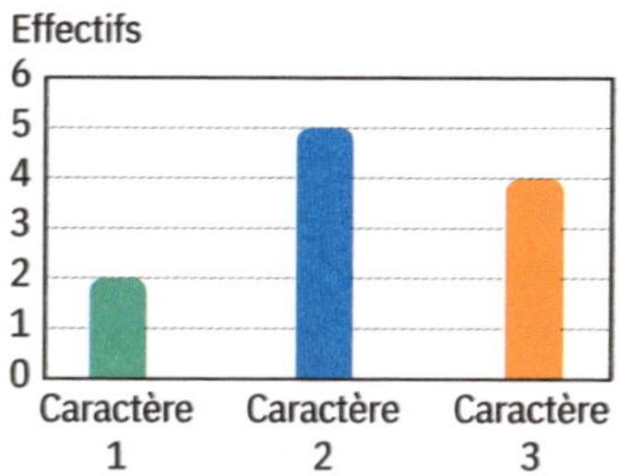


## II Le diagramme circulaire

Un diagramme circulaire est composé de plusieurs secteurs. Chaque secteur possède un angle au centre qui est proportionnel à l'effectif.

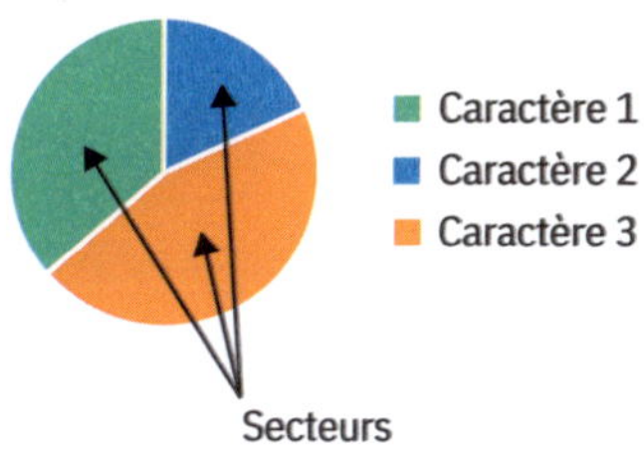


## III L'histogramme

On utilise un histogramme quand les éléments de la série sont regroupés en classes. On porte les classes en abscisse et les effectifs en ordonnée.

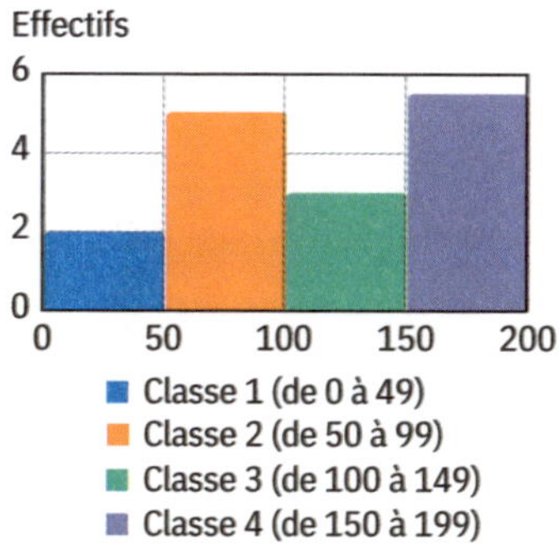

## Méthode

### Représenter une série statistique

On note la couleur des 25 premières voitures qui s'arrêtent sur une aire de stationnement (B pour bleue, G pour grise, J pour jaune, N pour noire, R pour rouge et V pour verte) :

R – B – G – G – V – R – V – N – J – N – V – B – V – R – V – B - V - R – B – N – R – B - N – N – R.

**1.** Construire le tableau des effectifs.

**2.** Tracer un diagramme en barres.

**3.** Tracer un diagramme circulaire.

**SOLUTION**

**1. Tableau des effectifs**

| Couleur | Bleue | Grise | Jaune | Noire | Rouge | Verte |
|---|---|---|---|---|---|---|
| Effectif | 5 | 2 | 1 | 5 | 6 | 6 |

**2. Diagramme en barres**

On place en abscisse le caractère étudié (couleur) et en ordonnée l'effectif.

> **Remarque**
> Représenter une série peut aider à déterminer les valeurs les plus et les moins fréquentes.

**3. Diagramme circulaire**

L'effectif total (25) correspond au cercle entier (360 °).

Par conséquent, l'angle correspondant à l'effectif de 5 est donné par $\frac{5}{25} \times 360$ soit 72° et ainsi de suite…

| Effectif | Total : 25 | 5 | 2 | 1 | 5 | 6 | 6 |
|---|---|---|---|---|---|---|---|
| Angle | 360° | 72° | 28,8 ° | 14,4° | 72° | 86,4° | 86,4° |

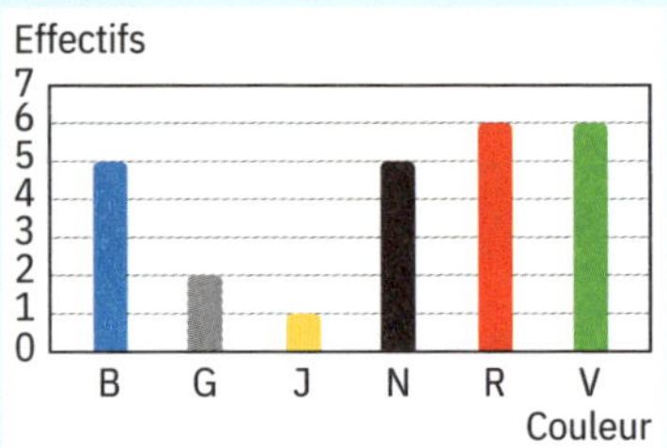


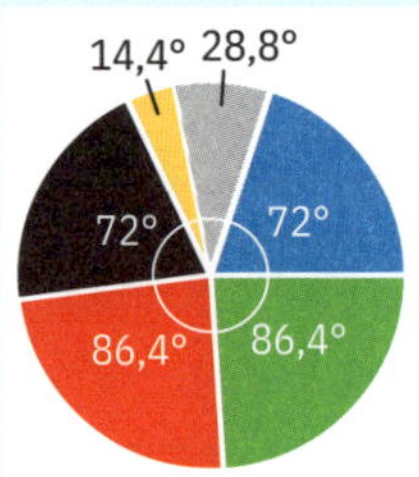

# Caractériser une série statistique

17

☐ OK

## Quels paramètres permettent d'interpréter une série de données ?

## I La fréquence

La fréquence d'une valeur dans une série statistique est égale au quotient de l'effectif de cette valeur (nombre de fois où la valeur apparaît dans cette série) par l'effectif total (nombre de valeurs dans la série).

$$\text{fréquence} = \frac{\text{effectif de la valeur}}{\text{effectif total}}$$

## II La moyenne

La moyenne d'une série statistique est égale au quotient de la somme de toutes les valeurs de la série par l'effectif total.

$$\text{moyenne} = \frac{\text{somme des valeurs}}{\text{effectif total}}$$

## III La médiane

La médiane d'une série statistique est la valeur qui partage cette série, rangée par ordre croissant (ou décroissant), en deux parties de même effectif.

- Si l'effectif total est un nombre impair, la médiane est une valeur de la série.
- Si l'effectif total est un nombre pair, la médiane est un nombre compris entre deux valeurs de la série ; dans ce cas, on prend souvent la moyenne de ces deux valeurs.

**Remarque**

La médiane est généralement plus appropriée pour interpréter des petites séries de données, car la moyenne peut être influencée par des valeurs extrêmes peu représentatives.

## IV L'étendue

L'étendue d'une série statistique est la différence entre la plus grande et la plus petite valeur de la série statistique. Elle mesure l'hétérogénéité des valeurs obtenues.

## Méthodes

### 1 Calculer une fréquence

Dans une classe de 3e, le professeur de mathématiques a corrigé l'épreuve du brevet blanc effectuée par ses 25 élèves. Les notes sont :

2 4 4 6 6 7 7 7 9 9 10 10 10 10
11 11 13 13 13 13 15 15 15 17 20.

1. Faire le tableau des effectifs.
2. Quelle est la fréquence de la note 13 ?

**SOLUTION**

1. Le tableau des effectifs pour chaque note est le suivant :

| Note | 2 | 4 | 6 | 7 | 9 | 10 | 11 | 13 | 15 | 17 | 20 |
|---|---|---|---|---|---|---|---|---|---|---|---|
| Effectif | 1 | 2 | 2 | 3 | 2 | 4 | 2 | 4 | 3 | 1 | 1 |

2. La fréquence de la note 13 est égale à son effectif divisé par l'effectif total, soit $\frac{4}{25}$, c'est-à-dire 0,16 ou encore 16 %.

### 2 Déterminer d'autres paramètres

On continue de caractériser la série de la méthode ci-dessus.

1. Quelle est la moyenne de cette série ?
2. Rechercher la médiane de cette série de notes.
3. Quelle est l'étendue ?

**SOLUTION**

1. La moyenne $m$ de la série est égale à :

$$m = \frac{2+2\times4+2\times6+3\times7+2\times9+4\times10+2\times11+4\times13+3\times15+17+20}{25} = \frac{257}{25} = 10{,}28.$$

2. Lorsqu'on classe la série par ordre croissant, la médiane est la 13e valeur, car elle partage la série en deux séries de même effectif (12 notes en dessous, 12 notes au-dessus). La 13e note de la série est 10 : la médiane est donc 10.
Un élève qui a obtenu la note 11 est situé dans la première moitié de la classe et un élève qui a obtenu la note 9 est situé dans la seconde moitié de la classe.
3. L'étendue $e$ de la série vaut $e = 20 - 2 = 18$. L'étendue est grande : les notes obtenues forment un ensemble très hétérogène.

# Quiz EXPRESS

18

Avez-vous bien révisé les fiches 16 et 17 ? On vérifie !

## Statistiques

### 1 Moyenne d'une série statistique

FICHE 17

Soit la série statistique : 18 ; 4 ; 7 ; 11 ; $x$.

La moyenne de cette série vaut 11.

Alors $x$ est égal à :

☐ **a.** 11 ☐ **b.** 15 ☐ **c.** 40

### 2 Médiane d'une série statistique

FICHE 17

**1.** Soit la série statistique : 3 ; 9 ; 4 ; 12 ; 73 ; 1.

La médiane de cette série est égale à :

☐ **a.** 6,5 ☐ **b.** 17 ☐ **c.** 7

**2.** Soit la série statistique rangée par ordre croissant :

1 ; 12 ; 19 ; 21 ; 23 ; 49 ; 54.

Dans cette série on remplace 54 par 59.

La médiane est-elle changée ?

☐ **a.** Non. ☐ **b.** On ne peut pas le savoir. ☐ **c.** Oui.

### 3 Étendue d'une série statistique

FICHE 17

Soit la série statistique : 3 ; 9 ; 4 ; 12 ; 73 ; 1.

Son étendue $e$ est égale à :

☐ **a.** 2 ☐ **b.** 72 ☐ **c.** 17

### 4 Fréquence d'une valeur d'une série statistique

FICHE 17

Soit la série statistique : 3 ; 9 ; 9 ; 9 ; 5 ; 1 ; 9 ; 1 ; 8 ; 0.

La fréquence de la valeur 9 est égale à :

☐ **a.** 54 ☐ **b.** 0,6 ☐ **c.** 0,4

# CORRIGÉS

## 1 Moyenne d'une série statistique

**Réponse b.**

Notons $m$ la moyenne de la série statistique. Alors $m = \dfrac{18 + 4 + 7 + 11 + x}{5}$.

Mais on sait que $m = 11$, donc $\dfrac{18 + 4 + 7 + 11 + x}{5} = 11$ ou encore $\dfrac{40 + x}{5} = 11$. Nous en déduisons que $x = 15$.

## 2 Médiane d'une série statistique

**1. Réponses a et c.**

En rangeant cette série par ordre croissant, on obtient : 1 ; 3 ; 4 ; 9 ; 12 ; 73.

La médiane $M$ est un nombre compris entre 4 et 9. En effet, avant et après tout nombre compris entre 4 et 9, il existe 3 valeurs.

On prend usuellement pour médiane la moyenne de ces deux nombres, soit $M = \dfrac{4 + 9}{2}$ ou encore $M = 6{,}5$.

Toutefois, tout nombre compris entre 4 et 9 peut être la médiane : 7 peut également être la médiane de la série.

**2. Réponse a.** La médiane sera encore égale à 21. Dans les deux cas, il existe trois valeurs avant et trois après la valeur 21.

## 3 Étendue d'une série statistique

**Réponse b.** La plus grande valeur est 73 et la plus petite est 1.

L'étendue est égale à $e = 73 - 1$, soit $e = 72$.

## 4 Fréquence d'une valeur d'une série statistique

**Réponse c.**

La série statistique contient 10 valeurs dont 4 fois le nombre 9.

La fréquence recherchée est $\dfrac{4}{10}$ ou encore 0,4 ou encore 40 %.

# Calculer des probabilités dans une situation simple

19

☐ OK

## I Vocabulaire

- Une expérience aléatoire est une expérience dont le résultat est déterminé par le hasard. On ne peut pas, *a priori*, prévoir ce résultat à l'avance.
- Tout résultat obtenu par une expérience aléatoire est une issue.
- Un événement est un ensemble d'issues.

**EXEMPLE** Lancer un dé et noter le résultat qui apparaît sur la face supérieure du dé est une expérience aléatoire. Lorsqu'on lance un dé, obtenir le chiffre 2 est une issue, et obtenir un chiffre pair est un événement.

## II Calculer une probabilité

Soit $E$ un événement.

- La probabilité de réalisation de $E$ est un nombre $p(E)$ compris entre 0 et 1.
- Si l'événement $E$ est impossible, alors $p(E) = 0$.

**EXEMPLE** Soit $E_1$ l'événement « Obtenir un nombre négatif en lançant un dé ». $p(E_1) = 0$ car cet événement est impossible.

- Si l'événement $E$ est certain, alors $p(E) = 1$.
- Quand les résultats d'une expérience ont tous la même probabilité :

$$p(E) = \frac{n}{N} = \frac{\text{nombre de résultats favorables}}{\text{nombre de résultats possibles}}$$

**À noter**

Deux événements sont incompatibles s'ils ne peuvent pas se réaliser en même temps.

## Méthodes

### 1 Calculer la probabilité d'un tirage dans une urne

Une urne contient 10 boules identiques au toucher, mais de couleurs différentes : 5 blanches, 3 rouges et 2 noires.

On tire une boule. Calculer la probabilité de sortir une boule :

a. noire b. blanche ou rouge

**Conseils**

Comptez le nombre de tirages qui réalisent l'événement demandé, puis calculez la probabilité correspondante.

**SOLUTION**

a. Appelons $E_1$ l'événement : « la boule sortie est noire ».
Lors du tirage, il existe 10 résultats possibles, mais seulement deux résultats favorables à l'obtention de l'événement (puisqu'il n'y a que deux boules noires dans l'urne). Donc :

$p(E_1) = \frac{2}{10}$, soit $p(E_1) = 0{,}2$.

b. Appelons $E_2$ l'événement : « la boule sortie est blanche ou rouge ».
Lors du tirage, 8 résultats sont favorables à l'obtention de l'événement $E_2$ (puisqu'il y a 5 boules blanches et 3 boules rouges dans l'urne). Donc $p(E_2) = \frac{8}{10}$, soit $p(E_2) = 0{,}8$.

## 2 Calculer la probabilité d'obtenir un événement donné

Un jeu de construction comporte 36 éléments dont les formes et les couleurs sont indiquées dans le tableau ci-contre.
On choisit au hasard un élément. Quelle est la probabilité pour que celui-ci soit :

| | Jaune | Vert | Rouge |
|---|---|---|---|
| **Carré** | 2 | 1 | 4 |
| **Rectangle** | 3 | 2 | 1 |
| **Triangle** | 4 | 3 | 6 |
| **Cercle** | 1 | 5 | 4 |

a. un quadrilatère ?

b. un triangle non rouge ?

**Conseil**

À l'aide du tableau donné ci-dessus, évaluez le nombre de résultats favorables à la réalisation de l'événement étudié et le nombre de résultats possibles.

**SOLUTION**

a. Notons $E_1$ l'événement : « l'élément choisi est un quadrilatère », c'est-à-dire un carré ou un rectangle. Lors du tirage, il existe 36 résultats possibles, mais seulement 13 résultats favorables à l'obtention de l'événement $E_1$ : $p(E_1) = \frac{13}{36}$.

b. Notons $E_2$ : « l'élément choisi est un triangle non rouge », alors $p(E_2) = \frac{7}{36}$.

# Calculer des probabilités dans une situation plus compliquée

# 20

☐ OK

## I Événement contraire

Soit $E$ un événement. On note $\overline{E}$ l'événement contraire de $E$.

Alors on a : $p(E) + p(\overline{E}) = 1$.

## II Somme des probabilités

- L'ensemble des issues d'une expérience aléatoire est appelé univers.
- Considérons tous les résultats possibles d'une expérience aléatoire, la somme de leurs probabilités de réalisation est égale à 1.

**EXEMPLE**

On lance un dé bien équilibré.
Soit $A_1$ l'événement « obtenir 1 », $A_2$ l'événement « obtenir 2 », etc.
Puisque le dé est équilibré, la probabilité de chaque événement est donc égale à $\frac{1}{6}$, et on a :

$$p(A_1) + p(A_2) + p(A_3) + p(A_4) + p(A_5) + p(A_6) = 6 \times \frac{1}{6} = 1.$$

## Méthodes

### 1 Calculer la probabilité d'obtenir un couple particulier

Un grand clapier abrite 5 lapins : 3 femelles et 2 mâles. On sort simultanément au hasard 2 lapins du clapier. On obtient alors une paire de lapins.

1. Combien de paires différentes de lapins peut-on sortir ?
2. Calculer la probabilité de sortir :

a. 2 mâles

b. 2 femelles

c. 2 lapins de sexe différent

**Conseil**

Dénombrez bien toutes les paires différentes que l'on peut sortir.

**SOLUTION**

1. Notons $M_1$ et $M_2$ les deux lapins mâles. Notons $F_1$, $F_2$ et $F_3$ les trois lapins femelles.

Les 10 paires différentes que l'on peut sortir du clapier sont : $(F_1, F_2)$, $(F_1, F_3)$, $(F_2, F_3)$, $(M_1, M_2)$, $(F_1, M_1)$, $(F_1, M_2)$, $(F_2, M_1)$, $(F_2, M_2)$, $(F_3, M_1)$ et $(F_3, M_2)$.

**À noter**

Les 10 paires définissent l'univers de l'expérience.

2. a. Appelons $A$ l'événement : « sortir 2 lapins mâles ». Il n'y a qu'un seul résultat favorable à l'obtention de l'événement $A$ : la paire $(M_1, M_2)$.

Donc $p(A) = \frac{1}{10}$, soit $p(A) = 0{,}1$.

b. Appelons $B$ l'événement : « sortir 2 lapins femelles ».
Il y a trois résultats favorables à l'obtention de l'événement $B$ : $(F_1, F_2)$, $(F_1, F_3)$ et $(F_2, F_3)$.

Donc $p(B) = \frac{3}{10}$, soit $p(B) = 0{,}3$.

c. Appelons $C$ l'événement : « sortir 2 lapins de sexe différent ».

On a $p(A) + p(B) + p(C) = 1$.

Alors $p(C) = 1 - p(A) - p(B)$,

soit $p(C) = 1 - 0{,}1 - 0{,}3$
donc $p(C) = 0{,}6$.

**Remarque**

Vous pouvez aussi calculer directement la probabilité $p(C)$. Pour vérifier, assurez-vous que $p(A) + p(B) + p(C) = 1$.

## 2 Calculer une probabilité avec une pièce truquée

On dispose d'une pièce de monnaie truquée dont la probabilité d'obtenir « pile » est le triple de la probabilité d'obtenir « face ».
**Calculer lors d'un lancer la probabilité :**

**a. d'obtenir « face »** **b. d'obtenir « pile »**

**SOLUTION**

Notons $p(P)$ et $p(F)$ les probabilités respectives d'obtenir « pile » ou « face » lorsqu'on lance la pièce truquée. D'après l'énoncé, nous savons que $p(P) = 3p(F)$ et que $p(P) + p(F) = 1$.

a. En combinant les deux équations, nous avons :

$3p(F) + p(F) = 1$, soit $4p(F) = 1$ ou encore $p(F) = \frac{1}{4}$.

b. 1re méthode : Puisque $p(P) = 3p(F)$, alors $p(P) = \frac{3}{4}$.

2e méthode : On peut aussi considérer que l'événement « obtenir pile » est l'événement contraire de l'événement « obtenir face ». Par conséquent :

$p(P) = 1 - p(F) = 1 - \frac{1}{4}$, d'où $p(P) = \frac{3}{4}$.

# Bâtir des arbres et des tableaux à double entrée

21

☐ OK

## I Construire un arbre de probabilité

- Un **arbre** des possibles est un schéma permettant de représenter les différentes issues d'une expérience aléatoire. Chaque issue est représentée par une branche ou un chemin.
- Si l'on indique sur chaque branche de cet arbre la probabilité associée à cette issue, on obtient un arbre **pondéré**.
- La probabilité du résultat auquel conduit un chemin est égale au produit des probabilités rencontrées le long de ce chemin.

## II Construire un tableau à double entrée

Un **tableau à double entrée** permet de représenter tous les couples de résultats possibles de deux expériences aléatoires simultanées. Les lignes se rapportent à une expérience aléatoire, les colonnes à l'autre.

## III Fréquence et probabilité

Lorsqu'une expérience aléatoire est répétée un très grand nombre de fois, la **fréquence** de réalisation d'un événement se rapproche de sa probabilité.

## Méthodes

### 1 Calculer des probabilités à l'aide d'un arbre

On lance une pièce de monnaie trois fois de suite. Si un lancer donne « pile », on note P le résultat obtenu et F s'il donne « face ».

1. Combien existe-t-il d'issues possibles ?
2. Quelle est la probabilité d'obtenir les événements :

a. $A$ : trois fois « pile » ? b. $B$ : exactement une fois « face » ?

**SOLUTION**

1. Chaque lancer donne 2 branches puisqu'il y a 2 issues possibles. L'arbre ci-contre montre qu'il existe 8 issues pour 3 lancers.

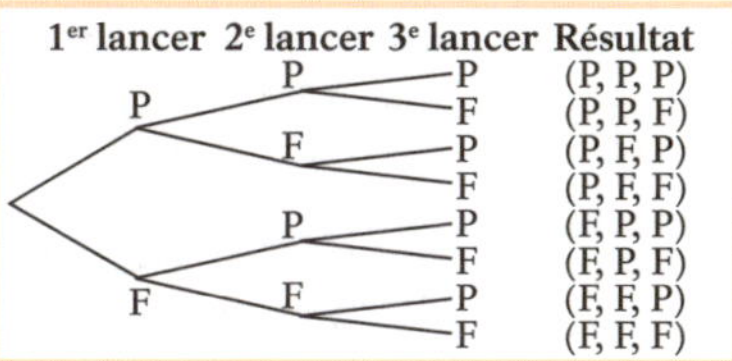

2. a. D'après l'arbre, il existe une seule possibilité d'obtenir trois fois « pile » : cela correspond à l'issue (P,P,P). Donc $p(A) = \frac{1}{8}$.

b. D'après l'arbre, il existe trois possibilités d'obtenir exactement une fois « face » : (P,P,F), (P,F,P) et (F,P,P). Donc $p(B) = \frac{3}{8}$.

## 2 Utiliser un tableau à double entrée

Pour pouvoir lancer les dés, le joueur doit s'acquitter d'un droit de participation de 6 euros. Il lance simultanément deux dés cubiques équilibrés (un jaune et un bleu) et empoche, en euros, un gain égal à la somme des points affichés par les dés. On appelle gain final du joueur la différence entre le montant gagné après le lancer des dés et le droit d'entrée. Si la différence est positive, le joueur a gagné ; si elle est négative, il a perdu.

**1. Indiquer les différents montants que l'on peut gagner.**

**2. Calculer la probabilité pour qu'un joueur :**

**a. réalise un gain final de 4 euros b. perde à ce jeu**

SOLUTION

1. Il existe 36 résultats possibles :

| Dé jaune / Dé bleu | 1 | 2 | 3 | 4 | 5 | 6 |
|---|---|---|---|---|---|---|
| 1 | 2 | 3 | 4 | 5 | 6 | 7 |
| 2 | 3 | 4 | 5 | 6 | 7 | 8 |
| 3 | 4 | 5 | 6 | 7 | 8 | 9 |
| 4 | 5 | 6 | 7 | 8 | 9 | 10 |
| 5 | 6 | 7 | 8 | 9 | 10 | 11 |
| 6 | 7 | 8 | 9 | 10 | 11 | 12 |

2. a. Appelons $G$ l'événement : « le joueur réalise un gain final de 4 euros » (c'est-à-dire après soustraction des droits de participation de 6 euros). Cet événement se réalise quand le joueur obtient 10 points. Il existe 3 résultats favorables, donc $p(G) = \frac{3}{36} = \frac{1}{12}$.

b. Appelons $P$ l'événement : « le joueur perd à ce jeu ». Cet événement se réalise quand le joueur obtient moins de 6 points.

Il existe 10 résultats correspondant à ce cas, donc $p(P) = \frac{10}{36} = \frac{5}{18}$.

# Quiz EXPRESS 22

Avez-vous bien révisé les fiches 19 à 21 ? On vérifie !

## Probabilités

### 1 Tirages simples

FICHE 19

**1.** On lance un dé cubique. La probabilité d'obtenir un chiffre pair est égale à : ☐ **a.** $\frac{1}{6}$ ☐ **b.** $\frac{1}{3}$ ☐ **c.** 0,5

**2.** On tire au hasard une carte d'un jeu de 32 cartes. La probabilité d'obtenir une carte rouge ou noire est égale à :

☐ **a.** $\frac{1}{2}$ ☐ **b.** 1 ☐ **c.** $\frac{1}{4}$

### 2 Tirage de boule

FICHE 20

Une urne contient $x$ boules rouges et 6 boules vertes, indiscernables au toucher. On tire au hasard une boule. La probabilité que la boule soit rouge est égale à 0,4. Alors le nombre de boules rouges contenues dans l'urne est égal à :

☐ **a.** 4 ☐ **b.** 6 ☐ **c.** 8

### 3 Événement contraire

FICHE 20

Soit $E$ un événement et $\bar{E}$ son contraire. Si $p(E) = 0{,}235$, alors :

☐ **a.** $p(\bar{E}) = -0{,}235$ ☐ **b.** $p(\bar{E}) = 0{,}765$ ☐ **c.** $p(\bar{E}) = 2 \times 0{,}235$

### 4 Un trèfle ou un roi ?

FICHE 20

Les 4 couleurs d'un jeu de 32 cartes sont : trèfle, carreau, cœur et pique. Chaque couleur comporte les cartes suivantes : 7, 8, 9, 10, valet, dame, roi et as. On tire une carte au hasard.

Quelle est la probabilité de sortir un trèfle ou un roi ?

☐ **a.** $\frac{11}{32}$ ☐ **b.** $\frac{12}{32}$ ☐ **c.** $\frac{1}{4}$

# CORRIGÉS

## 1 Tirages simples

**1. Réponse c.**

Sur un dé cubique, il existe 6 chiffres différents dont 3 d'entre eux sont pairs (2, 4 et 6). Si on note $p_1$ la probabilité d'obtenir un chiffre pair, on trouve $p_1 = \frac{3}{6}$ soit $p_1 = 0{,}5$.

**2. Réponse b.**

Toutes les cartes d'un jeu de 32 cartes sont rouges ou noires. L'événement « obtenir une carte rouge ou noire » est certain. Sa probabilité de réalisation $p_2$ est donc égale à 1.

## 2 Tirage de boule

**Réponse a.**

Dans l'urne, il y a $x$ boules rouges et 6 boules vertes. Il existe donc $x$ résultats favorables et $x + 6$ résultats possibles. La probabilité $p_3$ de tirer une boule rouge est $p_3 = \frac{x}{x+6} = 0{,}4$.
La solution de cette équation est $x = 4$.

L'urne contient donc 4 boules rouges et 6 boules vertes.

## 3 Événement contraire

**Réponse b.**

Nous savons que $p(E) + p(\bar{E}) = 1$.
Donc $p(\bar{E}) = 1 - p(E)$.
Alors $p(\bar{E}) = 1 - 0{,}235$ et $p(\bar{E}) = 0{,}765$.

**Attention**

La réponse **a** ne convient pas. Une probabilité ne peut pas être négative ! C'est un nombre compris entre 0 et 1.

## 4 Un trèfle ou un roi ?

**Réponse a.**

Dans un jeu de 32 cartes, il existe 8 trèfles (dont le roi de trèfle) et 4 rois (dont le roi de trèfle). Attention, il ne faut pas compter 2 fois le roi de trèfle ! Le nombre de résultats favorables est 11 et le nombre de résultats possibles est 32. La probabilité $p_4$ demandée est $p_4 = \frac{11}{32}$.

# Appliquer et calculer des pourcentages

23

☐ OK

## I Augmenter ou diminuer une quantité de *n* %

Soit $Q$ une quantité.

- Une **augmentation de *n* %** de la quantité $Q$ correspond à une augmentation de $\frac{n}{100} \times Q$. La quantité augmentée $Q'$ vaut alors :

$$Q' = Q + \frac{n}{100} \times Q \quad \text{ou encore} \quad Q' = Q\left(1 + \frac{n}{100}\right)$$

- Une **diminution de *n* %** de la quantité $Q$ correspond à une diminution de $\frac{n}{100} \times Q$. La quantité diminuée $Q''$ vaut alors :

$$Q'' = Q - \frac{n}{100} \times Q \quad \text{ou encore} \quad Q'' = Q\left(1 - \frac{n}{100}\right)$$

## II Calculer un pourcentage

- Après une augmentation, la quantité $Q$ devient égale à $Q_1$. Le pourcentage $n$ de cette augmentation est égal à :

$$n = \frac{Q_1 - Q}{Q} \times 100$$

- Pour obtenir un pourcentage de diminution de la quantité diminuée $Q_2$, on fait le calcul suivant : $\frac{Q - Q_2}{Q} \times 100$

## Méthodes

### 1 Appliquer un pourcentage d'augmentation

Pour aller en automobile d'une ville $V_1$ à une ville $V_2$, il existe deux possibilités : la route nationale et l'autoroute. La longueur du trajet par la route nationale est de 450 km. Le trajet par autoroute est plus long de 12,5 %. **Calculer la longueur du trajet par autoroute.**

**Conseil**

Appliquez la formule $Q' = Q + \frac{n}{100} \times Q = Q\left(1 + \frac{n}{100}\right)$.

SOLUTION

• Notons $d_1$ la distance à parcourir pour aller de $V_1$ à $V_2$ par la route nationale et $d_2$ la distance à parcourir pour aller de $V_1$ à $V_2$ par l'autoroute. Nous avons $d_1 = 450$ km.

• Alors $d_2 = d_1 + \frac{12{,}5}{100} \times d_1$ ou encore $d_2 = 450\left(1 + \frac{12{,}5}{100}\right)$, soit $d_2 = 506{,}25$ km.

## 2 Appliquer un pourcentage de diminution

On applique une baisse de 25 % au prix d'un vêtement coûtant 155 euros. **Combien coûte ce vêtement désormais ?**

SOLUTION

• Notons $p_1$ le prix du vêtement avant la baisse et $p_2$ le nouveau prix. Nous avons $p_1 = 155$ euros.

• Alors $p_2 = p_1 - \frac{25}{100} \times p_1$ ou encore $p_2 = p_1\left(1 - \frac{25}{100}\right)$, soit $p_2 = 116{,}25$ euros.

## 3 Appliquer des pourcentages successifs

Un objet coûte 100 euros au 1/1/2017.

Il augmente de 5 % au 1/1/2018.

Ce dernier prix est diminué de 5 % au 1/1/2019.

**1. Le prix de l'objet est-il revenu à sa valeur du 1/1/2017 ?**

**2. Si non, calculer le pourcentage de différence entre le premier et le dernier prix.**

SOLUTION

1. Notons $p_1$, $p_2$ et $p_3$ les prix respectifs de cet objet au 1/1/2017, au 1/1/2018 et au 1/1/2019. Nous avons donc :

$p_2 = 100 \times \left(1 + \frac{5}{100}\right) = 105$ euros

et $p_3 = 105 \times \left(1 - \frac{5}{100}\right) = 99{,}75$ euros.

Conclusion : au 1/1/2019, l'objet coûte moins cher qu'au 1/1/2017.

2. Notons $n$ le pourcentage de diminution recherché.

Nous avons : $n = \frac{p_1 - p_3}{p_1} \times 100$, soit $n = \frac{100 - 99{,}75}{100} \times 100$ ou encore $n = 0{,}25$ %.

# Reconnaître des situations de proportionnalité

24

☐ OK

## I Nombres proportionnels

Soient quatre nombres non nuls $a$, $b$, $c$ et $d$.

- Les nombres $a$ et $b$ sont respectivement proportionnels aux nombres $c$ et $d$ si : $\frac{a}{c} = \frac{b}{d} = k$.
- $k$ représente le **coefficient de proportionnalité**.

## II Représentations

- Une situation de proportionnalité peut se représenter par un tableau.

Un **tableau de proportionnalité** comporte deux suites de nombres.

Ces nombres sont tels que l'on passe de la première ligne à la seconde en multipliant tous les nombres de la première ligne par un même nombre.

**EXEMPLE**

| | | | |
|---|---|---|---|
| 2 | 3 | 5 | 8 |
| 3 | 4,5 | 7,5 | 12 |

On passe de la première à la seconde ligne en multipliant par 1,5 chaque nombre de la première ligne.

- Une situation de proportionnalité peut aussi se représenter dans un **graphique** par des points alignés sur une droite passant par l'origine du repère.

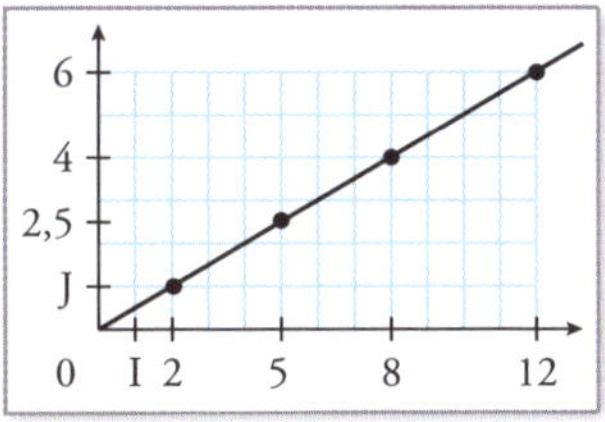


## III Notion de ratio

Deux nombres $x$ et $y$ sont, par exemple, dans le ratio 4 : 5 si $\frac{x}{4} = \frac{y}{5}$.

Méthodes

## 1 Calculer des quantités proportionnelles

Pour fabriquer la pâte d'une tarte aux noix pour 6 personnes, il faut : 100 g de sucre, 120 g de beurre, 200 g de farine et 2 œufs. Calculer les quantités de chaque ingrédient nécessaires pour 15 personnes.

**SOLUTION**

Il faut diviser par 6 les proportions indiquées par la recette puis les multiplier par 15. Il faut donc les multiplier par 2,5.

| **Ingrédients** | sucre | beurre | farine | œufs |
|---|---|---|---|---|
| **Pour 6** | 100 g | 120 g | 200 g | 2 |
| **Pour 15** | 250 g | 300 g | 500 g | 5 |

## 2 Trouver une distance réelle à partir d'une échelle

Sur une carte, à l'échelle 1 / 50 000, la distance entre deux carrefours est égale à 12,5 cm. Quelle est la distance réelle entre eux ?

**SOLUTION**

• Une échelle de 1 / 50 000 signifie que 1 cm sur la carte représente 50 000 cm en réalité. Les distances réelles sont proportionnelles aux distances mesurées sur la carte, on a donc le tableau suivant :

| **Distance sur la carte** | 1 cm | 12,5 cm |
|---|---|---|
| **Distance réelle** | 50 000 cm | $d$ en cm |

• Nous obtenons en utilisant le « produit en croix » :
$1 \times d = 12{,}5 \times 50\ 000$ soit $d = 625\ 000$ cm ou encore $d = 6{,}25$ km.

## 3 Partager des billes

45 billes sont partagées entre Adam et Léa dans le ratio 4 : 5. Combien chaque enfant recevra-t-il de billes ?

**SOLUTION**

Adam recevra $x$ billes et Léa en recevra $y$. Nous avons $\frac{x}{4} = \frac{y}{5}$. Si on partage les 45 billes en 9 (soit 4 + 5) parties égales, alors chaque partie sera composée de 5 billes ; 4 de ces parties seront pour Adam et 5 pour Léa. Adam reçoit donc 20 billes et Léa 25.

# Quiz EXPRESS 25

Avez-vous bien révisé les fiches 23 et 24 ? On vérifie !

## Proportionnalité et pourcentages

### 1 Appliquer un pourcentage

FICHE 23

Après une baisse de 15 %, une prime d'assurance d'un montant de 620 euros coûte :

☐ **a.** 93 euros ☐ **b.** 713 euros ☐ **c.** 527 euros

### 2 Deux augmentations successives

FICHE 23

Une paire de chaussures coûte 150 euros. Son prix subit deux augmentations successives : la première de 5 %, puis la seconde de 4 %. Le prix de la paire après les deux augmentations est :

☐ **a.** 151,2 euros ☐ **b.** 163,8 euros ☐ **c.** 163,5 euros

### 3 Pourcentage d'augmentation

FICHE 23

Une équipe de football joue deux matchs consécutifs à domicile. On a enregistré 12 520 spectateurs lors du 1$^{er}$ match et 13 850 lors du second match. Le pourcentage d'augmentation, arrondi au dixième, du nombre de spectateurs est :

☐ **a.** 10,6 % ☐ **b.** 9,6 % ☐ **c.** 13,3 %

### 4 Situation de proportionnalité

FICHE 24

Dans un vide-greniers, tous les objets proposés sont vendus au même prix. 8 objets coûtent 12,8 euros au total.

Si l'on achète 5 objets, il faudra débourser :

☐ **a.** 8 euros ☐ **b.** 20,48 euros ☐ **c.** 6,4 euros

### 5 Tableau de proportionnalité

FICHE 24

Le tableau ci-contre est-il un tableau de proportionnalité ?

| | | |
|---|---|---|
| 3 | 5 | 20 |
| 0,9 | 1,5 | 6 |

☐ **a.** Oui ☐ **b.** Non ☐ **c.** On ne sait pas.

# CORRIGÉS

## 1 Appliquer un pourcentage

**Réponse c.** Une baisse de 15 % sur une somme de 620 euros correspond à $620 \times \frac{15}{100}$, soit 93 euros. Alors la prime d'assurance coûte (620 – 93) euros, soit 527 euros.

## 2 Deux augmentations successives

**Réponse b.** Notons $p_1$ le prix de la paire de chaussures après une première augmentation de 5 %. Nous avons :

$p_1 = 150 \times \left(1 + \frac{5}{100}\right)$, soit $p_1 = 157{,}5$ euros.

Notons $p_2$ le prix de la paire de chaussures après une seconde augmentation de 4 %. Nous avons $p_2 = 157{,}5 \times \left(1 + \frac{4}{100}\right)$, soit $p_2 = 163{,}8$ euros.

## 3 Pourcentage d'augmentation

**Réponse a.** Entre le premier et le second match, le nombre de spectateurs a augmenté de 13 850 – 12 520, c'est-à-dire 1 330. Le pourcentage $n$ d'augmentation est égal à :

$n = \frac{1\,330}{12\,520} \times 100$, soit $n = 10{,}6$ % (valeur arrondie au dixième).

## 4 Situation de proportionnalité

**Réponse a.** Notons $p$ le prix de 5 objets. Considérons le tableau de proportionnalité :

| Nombre d'objets | 8 | 5 |
|---|---|---|
| Prix à payer | 12,8 | $p$ |

Faisons le produit en croix : $8 \times p = 5 \times 12{,}8$.

Donc $p = \frac{5 \times 12{,}8}{8}$, soit $p = 8$ euros.

## 5 Tableau de proportionnalité

**Réponse a.** En effet, on passe de la première à la seconde ligne en multipliant chaque nombre par 0,3.

# Déterminer des antécédents, des images

26

☐ OK

## I Définition et notation

Une fonction est un procédé qui, à un nombre $x$, appelé **antécédent**, fait correspondre un seul autre nombre, appelé **image**.

**NOTATION** On note $f(x)$ l'image de $x$ par la fonction $f$, ou encore $f : x \mapsto f(x)$.

## II Détermination d'une fonction

Une fonction $f$ peut être déterminée par :

- son **expression algébrique**, c'est-à-dire la relation existant entre l'antécédent $x$ et son image $f(x)$ ;
- sa **représentation graphique**, c'est-à-dire l'ensemble des points du plan de coordonnées $(x ; f(x))$ ▶ FICHE 29 ;
- un **tableau de valeurs**, c'est-à-dire un tableau où figurent quelques valeurs de $x$ et leurs images respectives par la fonction $f$.

## Méthodes

### 1 Calculer images et antécédents par une fonction donnée

Soit la fonction $f : x \mapsto 3x - 2$.

a. Écrire l'expression algébrique de $f$.

b. Quelles sont les images par $f$ des nombres suivants :

$0 ; -3 ; \frac{1}{4}$ et $\sqrt{2}$ ?

c. Quels sont les antécédents par $f$ des nombres :

$0 ; -3 ; \frac{1}{4}$ et $\sqrt{2}$ ?

**Conseils**

Utilisez l'expression donnant $f(x)$ en fonction de $x$ pour déterminer les images, et l'expression donnant $x$ en fonction de $f(x)$ pour déterminer les antécédents.

**SOLUTION**

a. L'expression algébrique de $f$ est : $f(x) = 3x - 2$.

b. On utilise l'expression algébrique de $f$ pour calculer les images.

L'image de 0 par $f$ est $f(0) = 3 \times 0 - 2 = -2$.

De même, $f(-3) = -11$ ; $f\left(\frac{1}{4}\right) = -\frac{5}{4}$ et $f(\sqrt{2}) = 3\sqrt{2} - 2$.

c. Puisque $f(x) = 3x - 2$, alors $x = \frac{f(x)+2}{3}$.

Si $f(x) = 0$, alors $x = \frac{0+2}{3} = \frac{2}{3}$.

De même, les antécédents par $f$ des nombres $-3$ ; $\frac{1}{4}$ et $\sqrt{2}$ sont respectivement : $-\frac{1}{3}$ ; $\frac{3}{4}$ et $\frac{\sqrt{2}+2}{3}$.

## 2 Réaliser un tableau de valeurs pour une fonction donnée

Soit la fonction $g : x \mapsto -2x(x-4)$.

Compléter le tableau de valeurs ci-dessous :

| | | | | | | |
|---|---|---|---|---|---|---|
| $x$ | 0 | $-2$ | $\frac{5}{4}$ | $10^{-1}$ | $-\sqrt{2}$ | |
| $g(x)$ | | | | | | 8 |

**Conseil**

Utilisez l'expression algébrique de $g$, soit $g(x) = -2x(x-4)$.

**SOLUTION**

| | | | | | | |
|---|---|---|---|---|---|---|
| $x$ | 0 | $-2$ | $\frac{5}{4}$ | $10^{-1}$ | $-\sqrt{2}$ | 2 |
| $g(x)$ | 0 | $-24$ | $\frac{55}{8}$ | 0,78 | $-4-8\sqrt{2}$ | 8 |

**REMARQUE** Pour trouver l'antécédent de 8, il faut résoudre $-2x(x-4) = 8$, soit $x^2 - 4x + 4 = 0$. Après factorisation, nous avons $(x-2)^2 = 0$, soit $x = 2$.

# Utiliser une fonction linéaire

27

☐ OK

## I Définition d'une fonction linéaire

Soit $a$ un nombre réel donné.

- La fonction $f$ qui, au nombre $x$, fait correspondre le nombre $ax$ est appelée **fonction linéaire**.

On note $f : x \mapsto ax$ ou encore $f(x) = ax$.

- Une fonction linéaire reflète une situation de proportionnalité : $a$ est le **coefficient de proportionnalité**.

## II Représentation graphique d'une fonction linéaire

- La représentation graphique d'une fonction linéaire $f : x \mapsto ax$ est une **droite qui passe par l'origine** du repère. On place $x$ en abscisse et $f(x)$ en ordonnée.

Il suffit donc de connaître un point appartenant à la droite (autre que l'origine) pour la tracer.

- $a$ est appelé le **coefficient directeur** de la droite.

## Méthodes

### 1 Rechercher des images et des antécédents

Monsieur Toutaubeurre vend de nombreux gâteaux (tous au même prix). Pour gagner du temps, il a collé sur son comptoir le tableau suivant, mais certaines données ont été malencontreusement effacées :

| Nombre de gâteaux | 1 | | 3 | 5 | 6 | 9 | 12 | |
|---|---|---|---|---|---|---|---|---|
| Prix à payer (en euros) | | 6,40 | | | 19,20 | | | 57,60 |

a. Compléter le tableau.

b. On note $x$ le nombre de gâteaux achetés par un client et $f(x)$ le prix que ce dernier doit payer. Compléter l'expression algébrique :
$f(x) = \ldots \times x$.

**Conseil**
Utilisez le fait que 6 gâteaux coûtent 19,20 euros pour obtenir le prix d'un gâteau.

**SOLUTION**

a.

| Nombre de gâteaux | 1 | 2 | 3 | 5 | 6 | 9 | 12 | 18 |
|---|---|---|---|---|---|---|---|---|
| Prix à payer (en euros) | 3,20 | 6,40 | 9,60 | 16 | 19,20 | 28,80 | 38,40 | 57,60 |

b. D'après le tableau précédent, nous savons qu'un gâteau coûte 3,20 euros, donc $f(x) = 3{,}2x$.

## 2 Utiliser la représentation graphique d'une fonction linéaire

Soit un repère orthonormal où l'unité choisie est le centimètre.

a. Représenter graphiquement la fonction linéaire $h : x \mapsto -3x$.

b. Répondre en utilisant la représentation graphique de $h$ :

- quelle est l'image par $h$ du nombre $-2$ ?
- quel nombre a pour image le nombre $-4{,}5$ ?

c. Répondre à la question b en effectuant les calculs appropriés.

**Conseil**

**c.** Utilisez les expressions $h(x) = -3x$ et aussi $x = -\dfrac{h(x)}{3}$.

**SOLUTION**

a. La fonction $h$ est représentée par la droite $\mathscr{D}$ qui passe par l'origine O du repère et par le point A$(-1\,;3)$.

b. • Le point B, situé sur la droite $\mathscr{D}$ et d'abscisse $-2$, a pour ordonnée $+6$. Donc l'image de $-2$ par $h$ est $+6$.

• Le point C, situé sur la droite $\mathscr{D}$ et d'ordonnée $-4{,}5$, a pour abscisse $+1{,}5$. Donc le nombre 1,5 a pour image le nombre $-4{,}5$ par $h$.

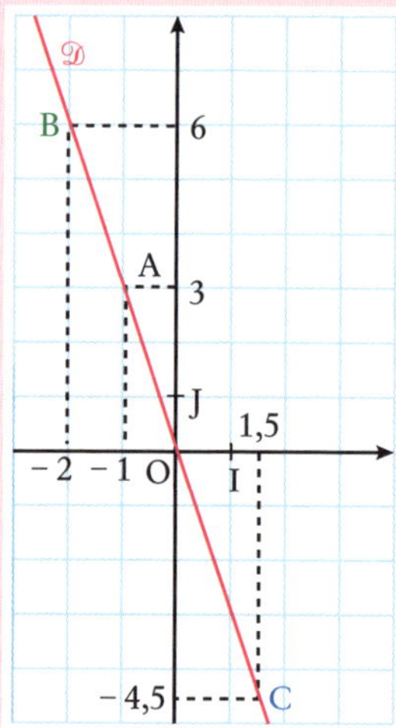


c. Par le calcul, nous retrouvons que :

• l'image du nombre $-2$ par $h$ est $h(-2) = -3(-2) = 6$ ;

• le nombre qui a pour image $-4{,}5$ par la fonction $h$ est le nombre $x = -\dfrac{-4{,}5}{3}$, soit $x = 1{,}5$.

# Utiliser une fonction affine

28

☐ OK

## I Définition d'une fonction affine

Soient $a$ et $b$ deux nombres réels donnés.

- La fonction $f$ qui, au nombre $x$, fait correspondre le nombre $ax + b$ est appelée **fonction affine**.
- On note $f : x \mapsto ax + b$ ou encore $f(x) = ax + b$.

## II Représentation graphique d'une fonction affine

- La représentation graphique d'une fonction affine $f : x \mapsto ax + b$ est une **droite**. Il suffit donc de connaître deux points appartenant à la droite pour la tracer.
- $a$ est le **coefficient directeur** de la droite.
$b$ est l'**ordonnée à l'origine** (c'est-à-dire l'ordonnée correspondant à l'abscisse $x = 0$).

## Méthodes

### 1 Rechercher des images et des antécédents

Tous les clients de la station service Au Bon Relais effectuent le plein du réservoir de leur voiture avec un carburant à 1,50 euro le litre et font une vérification rapide des niveaux pour une somme forfaitaire de 3 euros.

Soit $x$ le nombre de litres de carburant achetés.

a. Exprimer le prix $f(x)$ payé par un client.

b. Compléter le tableau suivant :

| **Nombre de litres achetés** | 10 | | 24 | 28 | | 36 | 48 | |
|---|---|---|---|---|---|---|---|---|
| **Prix à payer (en euros)** | | 90 | | | 102 | | | 114 |

**Conseil**

Pour rechercher les antécédents, on exprime $x$ en fonction de $f(x)$ en utilisant l'expression algébrique de $f$.

**SOLUTION**

a. Nous avons $f(x) = 1{,}5x + 3$.

b. Utilisons les expressions $f(x) = 1{,}5x + 3$ et $x = \dfrac{f(x) - 3}{1{,}5}$.

| Nombre de litres achetés = $x$ | 10 | 58 | 24 | 28 | 66 | 36 | 48 | 74 |
|---|---|---|---|---|---|---|---|---|
| Prix à payer (en euros) = $f(x)$ | 18 | 90 | 39 | 45 | 102 | 57 | 75 | 114 |

## 2 Utiliser la représentation graphique d'une fonction affine

a. Représenter graphiquement, dans un repère orthonormal, la fonction affine $h : x \mapsto 2x - 1$.

b. À l'aide du graphe obtenu, répondre aux questions suivantes :
- quelle est l'image par cette fonction du nombre $-1$ ?
- quel nombre a pour image, par cette même fonction, le nombre 5 ?

c. Retrouver ces résultats par le calcul.

**Conseils**

**a.** Calculez les coordonnées de deux points appartenant à la droite et placez-les dans le repère pour tracer la représentation graphique de la fonction *h*.
**c.** Utilisez l'expression algébrique $h(x) = 2x - 1$.

**SOLUTION**

a. La représentation graphique d'une fonction affine est une droite. Celle de *h* passe par les points $A(0\,;-1)$ et $B(2\,;3)$.

b. • Le point E, situé sur la droite et d'abscisse $-1$, a pour ordonnée $-3$. L'image du nombre $-1$ par *h* est donc le nombre $-3$.

• Le point F, situé sur la droite et d'ordonnée 5, a pour abscisse 3. Le nombre qui a pour image 5 par la fonction *h* est 3.

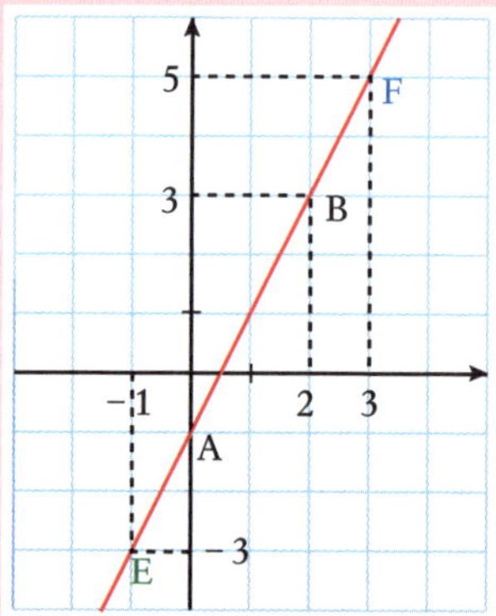


c. • $h(-1) = 2 \times (-1) - 1 = -3$.
L'image de $-1$ par *h* est $-3$.
• $2x - 1 = 5$, soit $x = 3$. Le nombre 3 a pour image 5 par *h*.

# Effectuer des lectures graphiques

**29**

☐ OK

Soit une fonction $f$ et $\mathcal{C}$ sa représentation graphique dans un repère $(O;I;J)$.

- Lire l'**image** d'un nombre donné, c'est lire l'**ordonnée** du point de $\mathcal{C}$ qui a pour abscisse le nombre donné.
- Lire l'**antécédent** d'un nombre donné, c'est lire l'**abscisse** du point de $\mathcal{C}$ qui a pour ordonnée le nombre donné.

**Attention**

Les lectures graphiques sont plus ou moins précises. Seule la connaissance de l'expression algébrique de la fonction $f$ permet d'obtenir des valeurs exactes.

## Méthodes

### 1 Lire des images et des antécédents

Le graphique ci-contre représente une fonction $f$ sur l'intervalle $[-1;5]$.

Répondre par lecture graphique aux questions suivantes :

a. Quelle est l'image de $+1$ ?

b. De quels nombres $+6$ est-il l'image ?

c. Quel est l'antécédent de $-3$ ?

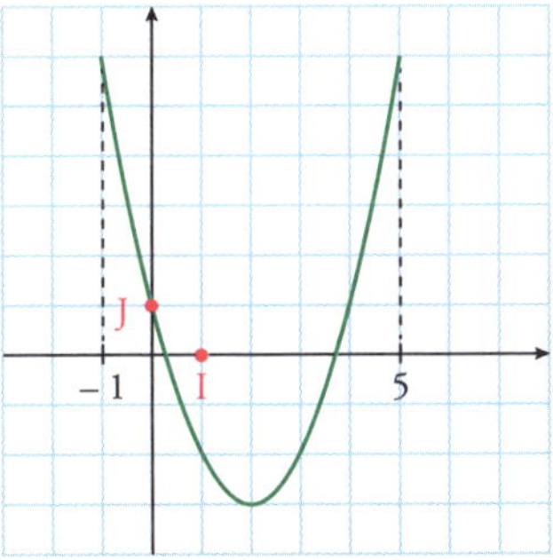


**Conseils**

- Pour trouver l'image d'un nombre $x$ par la fonction $f$ :
– on repère $x$ sur l'axe des abscisses ;
– on trace des pointillés parallèlement à l'axe des ordonnées jusqu'à la courbe $C$ de $f$ ;
– on trace des pointillés parallèlement à l'axe des abscisses jusqu'à l'axe des ordonnées : la valeur sur cet axe est l'image du nombre de départ.
- Pour lire l'antécédent d'un nombre, on part de l'axe des ordonnées.

**SOLUTION**

a. Le point de la courbe $\mathscr{C}$ d'abscisse 1 a une ordonnée égale à $-2$.
Conclusion : l'image de $+1$ par la fonction $f$ est $-2$.

b. Il existe deux points sur la courbe $\mathscr{C}$ dont l'ordonnée vaut $+6$. Ces points ont pour abscisses $-1$ et $+5$.
Conclusion : $+6$ est l'image de $-1$ et $+5$ par la fonction $f$.

c. Le point de $\mathscr{C}$ d'ordonnée $-3$ a pour abscisse $+2$.
Conclusion : $+2$ est l'antécédent de $-3$ par la fonction $f$.

## 2 Résoudre un problème graphiquement

Un cinéma propose deux tarifs aux spectateurs :

- le tarif $T_1$ à 8 euros la place ;
- le tarif $T_2$ qui correspond à un abonnement annuel de 30 euros et 5 euros la place.

a. Julie se rend au cinéma $x$ fois par an. Calculer le coût annuel (en fonction de $x$) de ce loisir selon qu'elle choisit le tarif $T_1$ ou le tarif $T_2$.
Ces coûts seront respectivement notés $f(x)$ et $g(x)$.

b. Tracer les représentations graphiques des fonctions $f$ et $g$.

c. À l'aide du graphique obtenu, indiquer, selon les valeurs de $x$, la formule la plus avantageuse pour Julie.

**SOLUTION**

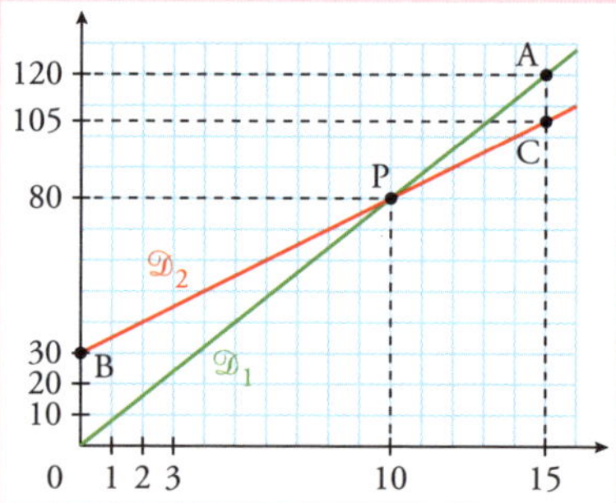


a. $f(x) = 8x$ et $g(x) = 30 + 5x$.

b. $f$ est une fonction linéaire. Sa représentation graphique est la droite $\mathscr{D}_1$ passant par l'origine O et par le point A $(15;120)$.
$g$ est une fonction affine. Sa représentation graphique est la droite $\mathscr{D}_2$ passant par les points B$(0;30)$ et C$(15;105)$.

c. Graphiquement, on remarque que $\mathscr{D}_1$ et $\mathscr{D}_2$ se coupent en P $(10;80)$. Si $0 \leqslant x < 10$, alors $\mathscr{D}_1$ est au-dessous de $\mathscr{D}_2$, ce qui signifie que le tarif $T_1$ est le moins cher si Julie va moins de 10 fois au cinéma.
Si $10 < x \leqslant 15$, alors $\mathscr{D}_2$ est au-dessous de $\mathscr{D}_1$, ce qui signifie que le tarif $T_2$ est le moins cher.
Si $x = 10$, alors les deux tarifs reviennent au même prix pour Julie.

# Quiz EXPRESS

**30**

Avez-vous bien révisé les fiches 26 à 29 ? On vérifie !

## Fonctions linéaires et affines

### 1 Calcul d'une image

▶ FICHE 26

Soit $f(x) = -3x + 2$. L'image de – 2,35 par la fonction $f$ est :

☐ **a.** + 1,05 ☐ **b.** – 5,05 ☐ **c.** + 9,05

### 2 Calcul d'un antécédent

▶ FICHE 26

Soit $g(x) = 3{,}5x - 4$. L'antécédent de – 12,75 par la fonction $g$ est :

☐ **a.** – 2,5 ☐ **b.** + 4,78 ☐ **c.** – 48,625

### 3 Fonction affine

▶ FICHE 28

Une fonction affine est du type :

☐ **a.** $x \mapsto ax + b$ ☐ **b.** $x \mapsto ax$ ☐ **c.** $x \mapsto a$

### 4 Point et représentation graphique

▶ FICHE 29

**1.** La représentation graphique de la fonction $h : x \mapsto -3x + 4$ passe par le point :

☐ **a.** A(– 2 ; 10) ☐ **b.** B(10 ; – 2) ☐ **c.** C(3 ; 4)

**2.** Soit $k$ la fonction définie par $k(x) = -\frac{1}{2}x - \frac{1}{4}$ et $\mathscr{D}$ sa représentation graphique. $\mathscr{D}$ coupe l'axe des abscisses en un point P. On a :

☐ **a.** P(0 ; – 0,25) ☐ **b.** $P\left(\frac{1}{2} ; 0\right)$ ☐ **c.** P(– 0,5 ; 0)

### 5 Coefficient directeur et ordonnée à l'origine

▶ FICHE 29

Soit la fonction $l$ définie par $l(x) = -5x + 2{,}5$. Le coefficient directeur et l'ordonnée à l'origine de la droite qui la représente sont respectivement :

☐ **a.** 2,5 et – 5 ☐ **b.** – 5 et 2,5 ☐ **c.** 5 et – 2,5

# CORRIGÉS

## 1 Calcul d'une image

**Réponse c.** Nous avons $f(-2{,}35) = -3 \times (-2{,}35) + 2$,
soit $f(-2{,}35) = +9{,}05$. L'image de $-2{,}35$ par $f$ est $+9{,}05$.

## 2 Calcul d'un antécédent

**Réponse a.** Résolvons l'équation $g(x) = -12{,}75$.
Nous trouvons $3{,}5x - 4 = -12{,}75$,
soit $3{,}5x = -12{,}75 + 4 = -8{,}75$ ou encore $x = -\dfrac{8{,}75}{3{,}5} = -2{,}5$.
L'antécédent de $-12{,}75$ par $g$ est $-2{,}5$.

## 3 Fonction affine

**Réponse a.** En effet, par définition, la fonction $t$ qui, au nombre $x$, fait correspondre le nombre $ax + b$ est appelée fonction affine.

## 4 Point et représentation graphique

**1. Réponse a.** Nous avons $h(-2) = -3 \times (-2) + 4$, soit $h(-2) = 10$. Le point $A(-2\,;10)$ est situé sur la représentation graphique de la fonction $h$.
Nous pouvons de plus vérifier que :
$h(10) = -3 \times (10) + 4 = -26$ et $h(3) = -3 \times (3) + 4 = -5$.
Les points $B(10\,;-2)$ et $C(3\,;4)$ ne sont donc pas situés sur la représentation graphique de la fonction $h$.
**2. Réponse c.** Le point P est situé sur l'axe des abscisses, alors $y_P = 0$. Son abscisse $x_P$ est telle que $-\dfrac{1}{2}x_P - \dfrac{1}{4} = 0$, soit $x_P = -0{,}5$. Alors $P(-0{,}5\,;0)$ ou $P\left(-\dfrac{1}{2}\,;0\right)$.

## 5 Coefficient directeur et ordonnée à l'origine

**Réponse b.** En effet, l'expression algébrique d'une fonction affine $l$ est $l(x) = ax + b$, où $a$ est le coefficient directeur de la droite représentant cette fonction et $b$ est l'ordonnée à l'origine de cette droite.

# Probabilités – Fonctions

## 1

Qu'est-ce qu'une fonction linéaire ?

▶ FICHE 27

## 2

Qu'est-ce qu'une fonction affine ?

▶ FICHE 28

## 3

Quelle est l'image du nombre – 5 par la fonction $f : x \to -3x$ ?

▶ FICHE 26

## 4

Quel est l'antécédent du nombre – 7 par la fonction $g : x \to 2x + 1$ ?

▶ FICHE 26

## 5

Dans une situation d'équiprobabilité, comment peut-on calculer une probabilité ?

▶ FICHE 19

## 6

Un ballon coûte 25 €. Quel sera son prix après une réduction de 8 % ?

▶ FICHE 23

## 7

Après remise, un sac à 30 € en vaut 24. Quel est le pourcentage de la remise ?

▶ FICHE 23

## 8

Notes de Léa : 13 ; 9 ; 6 ; 12 ; 10. Sa moyenne est-elle égale à sa médiane ?

▶ FICHE 17

## RÉPONSES

**Efforcez-vous de répondre aux questions par vous-même avant de consulter les réponses, puis révisez régulièrement pour bien mémoriser.**

### 1

**Une fonction linéaire** $f$ est une fonction dont l'expression algébrique est $f(x) = ax$ où $a$ est un nombre donné.
Sa représentation graphique est une droite qui passe par l'origine du repère.

### 2

**Une fonction affine** $g$ est une fonction dont l'expression algébrique est $g(x) = ax + b$ où $a$ et $b$ sont des nombres donnés.
Sa représentation graphique est une droite qui ne passe pas par l'origine du repère.

### 3

**L'image** de $-5$ par la fonction $f$ définie par $f(x) = -3x$ est $f(-5) = -3 \times (-5)$ soit $f(-5) = +15$.

### 4

**L'antécédent** de $-7$ par la fonction $g$ définie par $g(x) = 2x + 1$ est tel que $2x + 1 = -7$ soit $x = -4$.

### 5

Pour déterminer la **probabilité d'un événement**, on peut diviser le nombre de résultats favorables par le nombre de résultats possibles.

### 6

**La réduction** sur le prix du ballon est égale à $\frac{8}{100} \times 25$ soit 2 €. Le ballon coûte donc 23 €.

### 7

**La remise** effectuée est de $(30 - 24)$ soit 6 €.
Le pourcentage de cette remise est de $\frac{6}{30} \times 100$ soit 20 %.

### 8

Série de notes rangée en ordre croissant : 6 – 9 – 10 – 12 – 13.
**Moyenne**
$m = \frac{6 + 9 + 10 + 12 + 13}{5} = 10$ et
**médiane** $M = 10$ (deux valeurs inférieures, deux valeurs supérieures). On a donc $M = m$.

# Calculer des périmètres

32

☐ OK

**On a recours à des formules différentes pour calculer les périmètres des divers types de figures.**

| Figure usuelle | Dimensions | Périmètre |
|---|---|---|
| Carré | côté $a$ | $4a$ |
| Rectangle | longueur $L$ et largeur $l$ | $2(L+l)$ |
| Cercle | rayon $r$ diamètre $d$ | $2 \times \pi \times r$ ou encore $\pi \times d$ |
| Polygone quelconque | | Somme des mesures de tous les côtés |

## Méthodes

### 1 Calculer le périmètre d'une pelouse

Monsieur Dujardin aime beaucoup les formes géométriques. Devant sa maison il a créé une pelouse dont voici un plan sommaire.

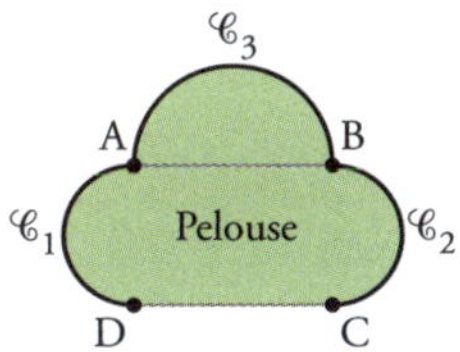


Le quadrilatère ABCD est un rectangle de longueur AB = 24 m et de largeur AD = 15 m.

$\mathscr{C}_1$, $\mathscr{C}_2$ et $\mathscr{C}_3$ sont trois demi-cercles de diamètres respectifs [AD], [BC] et [AB].

Monsieur Dujardin souhaite enclore sa pelouse. Quelle longueur de clôture doit-il acheter ? (Donner la valeur exacte puis un arrondi au mètre près.)

**Conseils**

Calculez les périmètres de chacun des trois demi-cercles… et n'oubliez pas [CD] !

**SOLUTION**

• Notons $p_1$, $p_2$, $p_3$ les périmètres respectifs des demi-cercles $\mathscr{C}_1$, $\mathscr{C}_2$ et $\mathscr{C}_3$. Le périmètre $p$ de la pelouse est tel que :
$p = p_1 + p_2 + p_3 + \text{CD}$.
Le périmètre d'un cercle de rayon $r$ mesure $2 \times \pi \times r$, donc le périmètre d'un demi-cercle de rayon $r$ mesure $\pi \times r$.

• Nous avons $p = \pi \times \frac{AD}{2} + \pi \times \frac{BC}{2} + \pi \times \frac{AB}{2} + CD$ ou encore
$p = \pi \times \frac{15}{2} + \pi \times \frac{15}{2} + \pi \times \frac{24}{2} + 24$,
soit $p = 27 \times \pi + 24$ mètres
ou, arrondi au mètre près, $p = 109$ m.
• Conclusion : Monsieur Dujardin devra acheter 109 m de clôture.

## 2 Calculer le périmètre d'un octogone régulier

Soit $\mathcal{F}$ un octogone régulier inscrit dans un cercle de rayon 10 cm. **Calculer la mesure exacte du périmètre de cet octogone. En donner ensuite une valeur approchée au mm près.**

**Conseils**

Calculez la mesure de l'angle $\widehat{AOB}$ puis celle de l'angle $\widehat{AOI}$ et enfin, à l'aide de la trigonométrie, la mesure de la distance AI. Déduisez-en la mesure d'un côté de l'octogone, puis la mesure du périmètre de la figure *F*.

**SOLUTION**

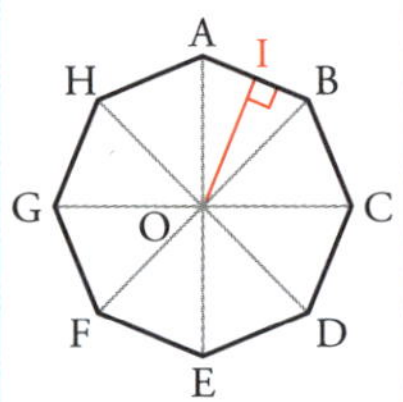


• Puisque l'octogone $\mathcal{F}$ est régulier, ses 8 côtés ont la même mesure.
On a : $\widehat{AOB} = \frac{360°}{8} = 45°$ et OA = 10 cm.
• Le triangle AOB est isocèle en O, donc (OI) est bissectrice de l'angle $\widehat{AOB}$ et médiatrice du segment [AB].

En conséquence, $\widehat{AOI} = \frac{\widehat{AOB}}{2} = 22{,}5°$ et $AI = \frac{AB}{2}$.

Dans le triangle AOI, nous avons $\sin \widehat{AOI} = \frac{AI}{OA}$,

soit $\sin 22{,}5° = \frac{AI}{10}$ et $AB = 20 \times \sin 22{,}5°$.

Notons $p$ le périmètre de l'octogone régulier ABCDEFGH.
• Alors $p = 8 \times AB$ et $p = 160 \times \sin 22{,}5°$ est la valeur exacte de son périmètre.
$p = 61{,}2$ cm en est une valeur arrondie au millimètre.

# Calculer des aires

33

☐ OK

**On a recours à des formules différentes pour calculer les aires des divers types de figures.**

| | | |
|---|---|---|
| **Carré**<br>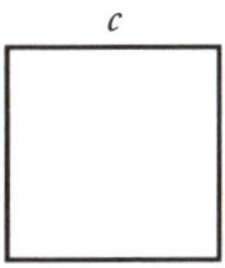<br>côté $c$<br>$\mathcal{A} = c^2$ | **Rectangle**<br>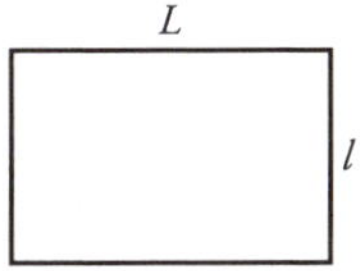<br>longueur $L$<br>et largeur $l$<br>$\mathcal{A} = L \times l$ | **Triangle**<br>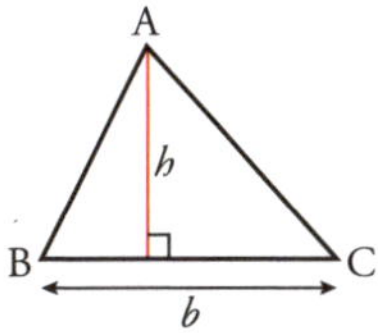<br>base $b$ et hauteur $h$<br>$\mathcal{A} = \dfrac{b \times h}{2}$ |
| **Parallélogramme**<br>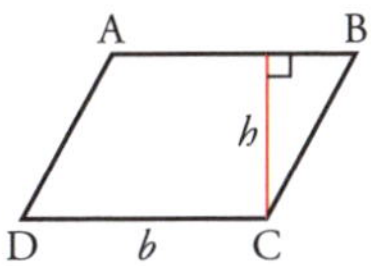<br>base $b$ et hauteur $h$<br>$\mathcal{A} = b \times h$ | **Losange**<br>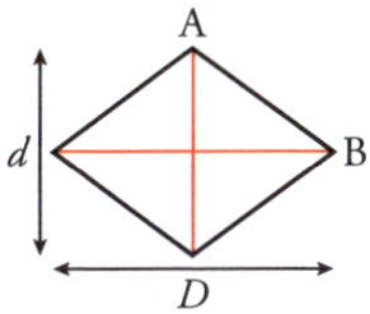<br>diagonales $D$ et $d$<br>$\mathcal{A} = \dfrac{D \times d}{2}$ | **Trapèze**<br>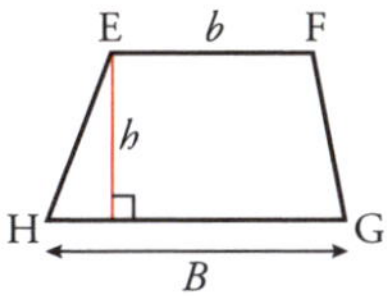<br>bases de longueurs $B$ et $b$, hauteur $h$<br>$\mathcal{A} = \dfrac{(B + b) \times h}{2}$ |
| **Disque**<br>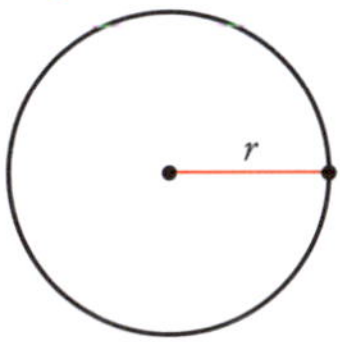<br>rayon $r$<br>$\mathcal{A} = \pi \times r^2$ | **Boule**<br>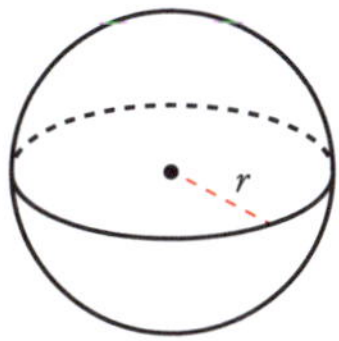<br>rayon $r$<br>$\mathcal{A} = 4\pi \times r^2$ | **Cylindre de révolution**<br>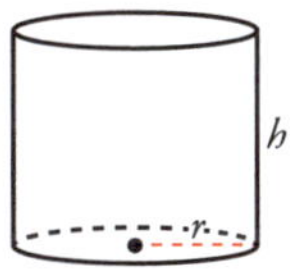<br>hauteur $h$,<br>base de rayon $r$<br>Aire latérale :<br>$\mathcal{A}_1 = 2\pi \times r \times h$<br>Aire totale :<br>$\mathcal{A}_2 = 2\pi rh + 2\pi r^2$ |

## Méthodes

### 1 Calculer les aires de figures planes

Soient un triangle de base $b = 10$ cm et de hauteur $h = 4{,}5$ cm ; un disque de rayon $r = 2{,}7$ cm et un trapèze de bases $B = 6$ cm et $b = 5$ cm et de hauteur $h' = 4{,}1$ cm.

**Classer en ordre décroissant les aires de ces trois figures.**

**SOLUTION**

- Soit $\mathcal{A}_1$ l'aire du triangle : $\mathcal{A}_1 = \dfrac{b \times h}{2} = \dfrac{10 \times 4{,}5}{2}$ ou encore $\mathcal{A}_1 = 22{,}5 \text{ cm}^2$.
- Soit $\mathcal{A}_2$ l'aire du disque : $\mathcal{A}_2 = \pi \times r^2 = \pi \times 2{,}7^2$ ou encore $\mathcal{A}_2 = 22{,}90 \text{ cm}^2$ à $10^{-2}$ près.
- Soit $\mathcal{A}_3$ l'aire du trapèze : $\mathcal{A}_3 = \dfrac{(B+b) \times h'}{2} = \dfrac{(6+5) \times 4{,}1}{2}$ ou encore $\mathcal{A}_3 = 22{,}55 \text{ cm}^2$.
- Conclusion : le classement en ordre décroissant des trois aires est $\mathcal{A}_2 > \mathcal{A}_3 > \mathcal{A}_1$.

### 2 Calculer les aires d'une boule et d'un cylindre

Soit une boule de rayon $r = 5$ cm et un cylindre de révolution de hauteur $h = 5$ cm et dont la base a pour rayon $r' = 11{,}5$ cm.

**L'aire latérale du cylindre $\mathcal{A}_2$ dépasse-t-elle de 15 % l'aire $\mathcal{A}_1$ de la boule ?**

**Conseils**

- Calculez les valeurs exactes des deux aires.
- Évaluez la différence des deux aires en fonction de l'aire de la boule.

**SOLUTION**

- $\mathcal{A}_1 = 4 \times \pi \times r^2 = 4 \times \pi \times 5^2$ ou $\mathcal{A}_1 = 100\pi \text{ cm}^2$.
- $\mathcal{A}_2 = 2\pi \times r' \times h = 2\pi \times 11{,}5 \times 5$ ou $\mathcal{A}_2 = 115\pi \text{ cm}^2$.
- Nous avons $\mathcal{A}_2 - \mathcal{A}_1 = 115\pi - 100\pi$,

soit $\mathcal{A}_2 - \mathcal{A}_1 = 15\pi$

ou encore $\mathcal{A}_2 - \mathcal{A}_1 = \dfrac{15}{100} \times 100\pi$.

Donc $\mathcal{A}_2 - \mathcal{A}_1 = \dfrac{15}{100}\mathcal{A}_1$.

- Conclusion : l'aire latérale du cylindre de révolution dépasse bien de 15 % celle de la boule.

**Attention**

Il est demandé de calculer l'aire latérale et non l'aire totale du cylindre !

# Calculer des volumes

☐ OK

**On a recours à des formules différentes pour calculer les volumes des divers types de figures.**

| | | |
|---|---|---|
| **Cube**<br>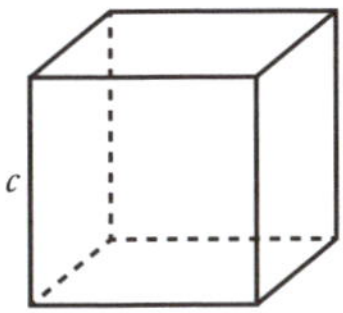<br>arête $c$<br>$\mathcal{V} = c^3$ | **Parallélépipède rectangle**<br>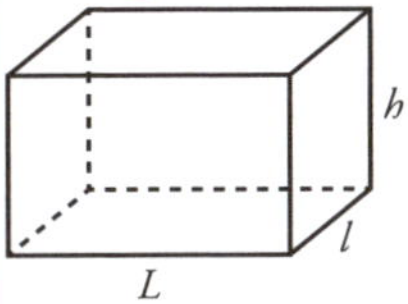<br>longueur $L$, largeur $l$, hauteur $h$<br>$\mathcal{V} = L \times l \times h$ | **Prisme droit**<br>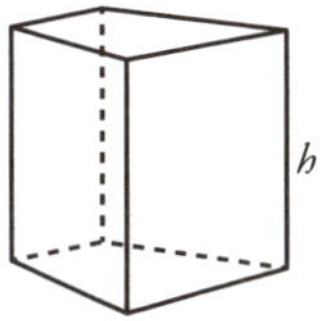<br>base d'aire $\mathcal{B}$, hauteur $h$<br>$\mathcal{V} = \mathcal{B} \times h$ |
| **Cylindre de révolution**<br>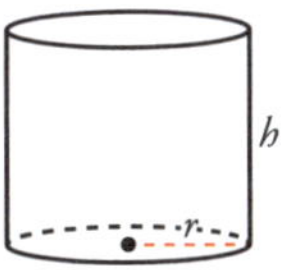<br>base de rayon $r$, hauteur $h$<br>$\mathcal{V} = \pi \times r^2 \times h$ | **Pyramide ou cône de révolution**<br>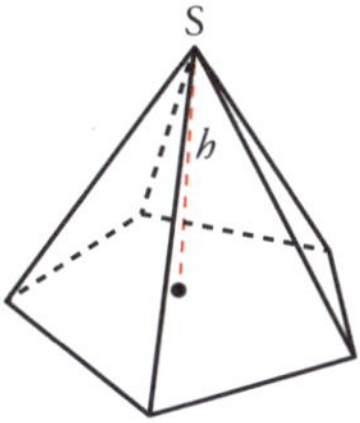<br>base d'aire $\mathcal{B}$, hauteur $h$<br>$\mathcal{V} = \frac{1}{3} \times \mathcal{B} \times h$ | **Boule (ou sphère)**<br>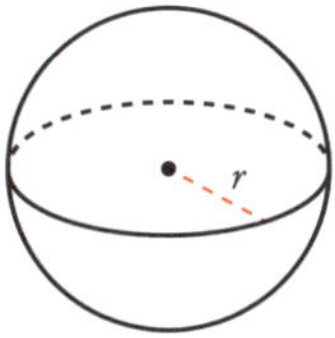<br>rayon $r$<br>$\mathcal{V} = \frac{4}{3} \times \pi \times r^3$ |

## Méthodes

### 1 Trouver une relation entre deux rayons

On considère une boule de rayon $R$ et un cône de révolution dont la base a pour rayon $x$ et dont la hauteur mesure $R$.

a. Exprimer les volumes de la boule et du cône.

b. Sachant que la boule et le cône ont le même volume, calculer, en fonction de $R$, le rayon $x$ de la base du cône.

**SOLUTION**

a. Le volume de la boule est : $\mathcal{V}_1 = \frac{4}{3} \times \pi \times R^3$.

Le volume du cône est : $\mathcal{V}_2 = \frac{1}{3} \times (\pi \times x^2) \times R$.

b. Les deux solides ayant même volume, nous avons donc : $\mathcal{V}_1 = \mathcal{V}_2$,
soit $\frac{1}{3} \times (\pi \times x^2) \times R = \frac{4}{3} \times \pi \times R^3$.

Donc $\frac{1}{3} \times \pi \times R \times (x^2) = \frac{1}{3} \times \pi \times R \times (4R^2)$.

En simplifiant, nous obtenons : $x^2 = 4R^2$.
Comme $x$ et $R$ sont des longueurs, ce sont des nombres positifs et nous avons : $x = 2R$.

## 2 Calculer le volume d'un seau

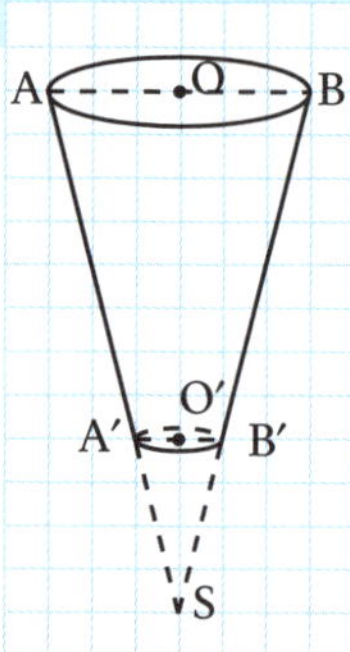


Un seau a la forme d'un tronc de cône.

Les deux bases circulaires sont parallèles et ont pour diamètres [AB] et [A′B′] et pour centres respectifs O et O′. On donne AB = 12 cm, SO = 24 cm et SO′ = 8 cm.

a. Calculer la longueur du segment [O′A′].

b. Calculer le volume $\mathcal{V}$ du seau à 1 cm$^3$ près.

**Conseils**

**a.** Appliquez le théorème de Thalès pour trouver la distance OA.
**b.** Calculez le volume des deux cônes de sommet S, puis déduisez-en le volume du tronc de cône.

**SOLUTION**

a. Les rayons [OA] et [O′A′] sont parallèles, on peut donc appliquer le théorème de Thalès. On obtient : $\frac{O'A'}{OA} = \frac{SO'}{SO}$.

Comme $OA = \frac{AB}{2} = \frac{12}{2} = 6$, nous avons $\frac{O'A'}{6} = \frac{8}{24}$, soit $O'A' = \frac{8 \times 6}{24}$ ou encore O′A′ = 2 cm.

b. $\mathcal{V} = \frac{1}{3} \times \pi \times OA^2 \times SO - \frac{1}{3} \times \pi \times O'A'^2 \times SO'$

$\mathcal{V} = \frac{1}{3} \times \pi \times 6^2 \times 24 - \frac{1}{3} \times \pi \times 2^2 \times 8$

$\mathcal{V} = \frac{832}{3}\pi$, soit $\mathcal{V} = 871$ cm$^3$ à 1 cm$^3$ près.

# Quiz EXPRESS 35

Avez-vous bien révisé les fiches 32 à 34 ? On vérifie !

## Périmètres, aires et volumes

### 1 Longueur d'un rectangle

▶ FICHE 32

Le périmètre d'un rectangle mesure 48 cm. La longueur du rectangle est le double de sa largeur.

La longueur de ce rectangle mesure :

☐ a. 16 cm ☐ b. 8 cm ☐ c. 12 cm

### 2 Calcul d'aires

▶ FICHE 33

1. L'aire d'un trapèze mesure 80 cm². Sa hauteur mesure 8 cm. Sa petite base mesure le tiers de sa grande base.

La mesure de la grande base est :

☐ a. 7,5 cm ☐ b. 15 cm ☐ c. 45 cm

2. Le périmètre de la base d'un cylindre de révolution mesure $10\pi$ en cm. La hauteur de ce cylindre est 12 cm.

Son aire latérale mesure :

☐ a. $1200\,\pi^2$ cm² ☐ b. $240\pi$ cm² ☐ c. $120\,\pi$ cm²

### 3 Calcul de volumes

▶ FICHE 34

1. Soit un parallélépipède rectangle. Sa longueur, sa largeur, sa hauteur sont exprimés en cm.

Alors son volume sera exprimé en :

☐ a. cm³ ☐ b. cm ☐ c. cm²

2. On considère un parallélépipède rectangle $\mathcal{P}_1$ et une pyramide à base rectangulaire $\mathcal{P}_2$. $\mathcal{P}_1$ et $\mathcal{P}_2$ ont des bases et des hauteurs de même mesure.

Alors les volumes de $\mathcal{P}_2$ et de $\mathcal{P}_1$ sont dans le rapport :

☐ a. $\frac{1}{27}$ ☐ b. $\frac{1}{3}$ ☐ c. $\frac{1}{9}$

# CORRIGÉS

## 1 Longueur d'un rectangle

**Réponse a.**

Notations : périmètre $\mathscr{P}$, longueur $L$ et largeur $l$.

Nous savons que $\mathscr{P} = 2 \times (L + l)$ et que $L = 2l$, donc $l = 0{,}5L$ et $\mathscr{P} = 3L$. Puisque $\mathscr{P} = 48$ cm, alors $L = \dfrac{48}{3}$ et $L = 16$ cm.

## 2 Calcul d'aires

**1. Réponse b.**

Notations : aire du trapèze $\mathscr{A}$, grande base $B$, petite base $b$ et hauteur $h$. Nous savons que $\mathscr{A} = \dfrac{(B + b) \times h}{2}$.

Alors $80 = \dfrac{\left(B + \dfrac{B}{3}\right) \times 8}{2}$ et $B = 15$ cm.

**2. Réponse c.**

L'aire latérale $\mathscr{A}$ d'un cylindre de révolution est celle d'un rectangle dont :

- la longueur de l'un des côtés a pour mesure le périmètre de la base ;
- la longueur de l'autre côté a pour mesure sa hauteur.

D'où $\mathscr{A} = 10\pi \times 12$, soit $\mathscr{A} = 120\pi$ cm$^2$.

## 3 Calcul de volumes

**1. Réponse a.**

Le cm est une unité de longueur, le cm$^2$ une unité d'aire et le cm$^3$ une unité de volume.

**2. Réponse b.**

Notations pour $\mathscr{P}_1$ : hauteur $h$, aire de la base $\mathscr{B}$ et volume $\mathscr{V}_1$, alors $\mathscr{V}_1 = \mathscr{B} \times h$.

Notations pour $\mathscr{P}_2$ : hauteur $h$, base $\mathscr{B}$ et volume $\mathscr{V}_2$, alors $\mathscr{V}_2 = \dfrac{1}{3} \times \mathscr{B} \times h$. Donc $\dfrac{\mathscr{V}_2}{\mathscr{V}_1} = \dfrac{1}{3}$.

# Utiliser des grandeurs produits et des grandeurs quotients

**36**

☐ OK

## I Grandeur composée produit

Une **grandeur composée produit** est une grandeur obtenue en multipliant d'autres grandeurs.

**EXEMPLES**

- Un volume est le produit de trois longueurs.
- Une puissance électrique est le produit d'une tension (une différence de potentiel) et d'une intensité.

## II Grandeur composée quotient

Une **grandeur composée quotient** est une grandeur obtenue en divisant deux autres grandeurs.

**EXEMPLES**

- Un débit est le quotient d'un volume par un temps (une durée).
- Une masse volumique est le quotient d'une masse par un volume.

## Méthodes

### 1 Calculer le volume d'un pavé droit

Un aquarium ayant la forme d'un parallélépipède rectangle a les dimensions suivantes : longueur : 75 cm ; largeur : 3,5 dm et hauteur : 0,5 m. **Quel volume maximal d'eau peut-il contenir ? Le résultat sera donné en litres.**

**Conseils**

Exprimez les trois longueurs dans la même unité, le cm par exemple.
Le résultat sera alors en $cm^3$.
Il faudra ensuite transformer les $cm^3$ en litres.

**SOLUTION**

- Nous avons : $L = 75$ cm ; $l = 3{,}5$ dm $= 35$ cm et $h = 0{,}5$ m $= 50$ cm.
Alors le volume $V$ cherché est donné par la formule $V = L \times l \times h$, soit $V = 75 \times 35 \times 50$ ou encore $V = 131\,250\ cm^3$.
- Conclusion : $V = 131{,}25\ dm^3$. Puisque $1\ dm^3 = 1$ L, on a : $V = 131{,}25$ litres.

## 2 Calculer un débit

Léna a décidé de vider sa piscine avec une pompe électrique. La piscine contient 62 $m^3$ d'eau. Elle est entièrement vide au bout de 1 jour et 48 minutes.

**Quel est, en litres par heure, le débit de la pompe utilisée ?**

**Conseil**

Exprimez le volume d'eau en litres et la durée en heures.

**SOLUTION**

- Le débit correspond à un volume de liquide par unité de temps.

Il est donné par la relation $D = \frac{V}{t}$ où $D$ représente le débit de la pompe, $V$ le volume d'eau à pomper et $t$ la durée de l'opération.

- Nous avons : $V = 62\ m^3 = 62\,000$ litres puisque $1\ m^3 = 1\,000$ litres et $t = \left(24 + \frac{48}{60}\right)$ heures, soit $t = 24{,}8$ h.
- Alors $D = \frac{62\,000}{24{,}8}$, soit $D = 2\,500$ litres par heure (2 500 L/h).

## 3 Calculer une masse volumique

Marius possède de nombreuses boules de pétanque. Le diamètre de chacune est de 72 mm et la masse de 0,720 kg.

**Calculer en g/$cm^3$ la masse volumique d'une boule de pétanque.**

**Conseils**

L'unité de la grandeur demandée donne la formule pour la calculer. Ici, on divise une masse en gramme par un volume en $cm^3$ : on peut donc vérifier que la formule $\rho = \frac{m}{v}$ est cohérente.

**SOLUTION**

- La masse volumique correspond à une masse par unité de volume.

Appliquons la relation $\rho = \frac{m}{v}$ où $\rho$ représente la masse volumique, $m$ la masse de la boule de pétanque et $v$ son volume.

- Nous avons : $m = 0{,}720$ kg, soit $m = 720$ g.
- De plus, le rayon $r$ de la boule mesure 36 mm ou encore 3,6 cm.
- Alors $v = \frac{4}{3} \times \pi \times r^3 = \frac{4}{3} \times \pi \times 3{,}6^3$, soit $v = 195{,}432\ cm^3$.
- Alors $\rho = \frac{m}{v} = \frac{720}{195{,}432}$ ou encore $\rho = 3{,}7$ g/$cm^3$ (valeur arrondie au dixième).

# Calculer une vitesse, une durée ou une distance

37

☐ OK

## I La relation fondamentale $d = v \times t$

- Si $d$ désigne la distance parcourue ;
$t$ le temps mis pour parcourir cette distance ;
et $v$ la vitesse moyenne réalisée,
alors on peut appliquer la relation $d = v \times t$.
- Si l'on connaît deux grandeurs parmi $d$, $t$ et $v$, la relation permet de trouver la troisième grandeur.

## II Unités

- Si la vitesse est exprimée en mètres par seconde et le temps en secondes, alors on trouve la distance en mètres.
- Mais si la vitesse est exprimée en km/h et le temps en secondes, il convient d'écrire d'abord celle-ci en m/s pour obtenir la distance en mètres.

**Attention**

Faites très attention à la concordance des unités utilisées !
Et entraînez-vous à faire des conversions.

## Méthodes

### 1 Calculer une distance parcourue

Un avion effectue un vol sans escale entre Paris et Antananarivo (ville située à Madagascar). Le vol s'effectue en 10 heures et 48 minutes à la vitesse moyenne de 815 km/h.

**Quelle distance l'avion a-t-il parcouru ?**

**Conseil**

Appliquez la relation $d = v \times t$, avec la vitesse moyenne $v$ en km/h et le temps $t$ en heures.

**SOLUTION**

- Nous savons que $v = 815$ km/h et $t = 10$ h 48 min.
- Exprimons le temps en heures :

$t = 10$ h $+ 48$ min, soit $t = 10\text{ h} + \frac{48}{60}\text{ h}$ ou encore $t = 10{,}8$ h.

- Alors $d = 815 \times 10{,}8$, soit $d = 8\,802$ km.

## 2 Calculer la durée d'un trajet

Lors d'un récent « Tour de France » à vélo, le vainqueur a parcouru les 3 657 km à la vitesse moyenne de 40,782 km/h.
Calculer le temps mis pour accomplir le parcours. Le résultat sera donné en heures, minutes et secondes, et il sera arrondi à une seconde près.

**Conseil**

La relation $d = v \times t$ s'écrit aussi $t = \dfrac{d}{v}$.

**SOLUTION**

- Nous savons que $d = 3\,657$ km et que $v = 40{,}782$ km/h.

Alors $t = \dfrac{d}{v} = \dfrac{3\,657}{40{,}782}$

soit $t = 89{,}672$ h.

- Exprimons le temps en heures, minutes et secondes.

$t = 89 \text{ h} + 0{,}672 \text{ h}$

$0{,}672 \text{ h} = 0{,}672 \times 60 \text{ min}$,

soit $0{,}672 \text{ h} = 40{,}32 \text{ min} = 40 \text{ min} + 0{,}32 \text{ min}$

$0{,}32 \text{ min} = 0{,}32 \times 60 \text{ s} = 19 \text{ s}$, valeur arrondie à la seconde près.

- Conclusion : $t = 89 \text{ h } 40 \text{ min } 19 \text{ s}$, valeur arrondie à la seconde près.

## 3 Calculer une vitesse moyenne

Un brillant athlète a couru un 400 mètres haies en 46 secondes et 78 centièmes. Calculer sa vitesse moyenne. Cette vitesse sera d'abord indiquée en m/s et arrondie au cm/s près, puis en km/h et arrondie au centième.

**Conseil**

La relation $d = v \times t$ s'écrit aussi $v = \dfrac{d}{t}$.

**SOLUTION**

- Nous savons que $d = 400$ m et que $t = 46{,}78$ s.

Alors $v = \dfrac{d}{t} = \dfrac{400}{46{,}78}$ et, arrondie à 1 cm/s près, $v = 8{,}55$ m/s.

- Exprimons maintenant la vitesse moyenne $v$ en km/h.

Il y a 3 600 secondes dans 1 heure et 1 km = 1 000 m, d'où :

$v = \dfrac{8{,}55}{1000}$ km/s ou encore $v = \dfrac{8{,}55}{1000} \times 3\,600$ km/h.

- Conclusion : $v = 30{,}78$ km/h, valeur arrondie au centième.

# Quiz EXPRESS 38

Avez-vous bien révisé les fiches 36 et 37 ? On vérifie !

## Calculs avec des grandeurs mesurables

### 1 Calcul d'une distance

▶ FICHE 37

Un cycliste se déplace à la vitesse moyenne de 20 km/h durant 15 min. La distance parcourue est de :

☐ **a.** 3 km ☐ **b.** 5 km ☐ **c.** 80 km

### 2 Calcul d'une vitesse

▶ FICHE 37

Un escargot ultra rapide parcourt 250 cm en une demi-heure. Sa vitesse moyenne exprimée en m/h est :

☐ **a.** 12,5 m/h ☐ **b.** 1,25 m/h ☐ **c.** 5 m/h

### 3 Calcul d'une durée

▶ FICHE 37

Un léopard court à la vitesse moyenne de 60 km/h.

Le temps mis par ce léopard pour parcourir une distance de 3 000 m est de :

☐ **a.** 3 min ☐ **b.** 20 min ☐ **c.** $\frac{1}{20}$ min

### 4 Vitesse de la lumière

▶ FICHE 37

La lumière parcourt $1{,}08 \times 10^9$ km en une heure.

Sa vitesse est égale à :

☐ **a.** $3{,}888 \times 10^{12}$ km/s ☐ **b.** $3 \times 10^5$ km/s ☐ **c.** 300 000 km/s

### 5 Vitesse du son

▶ FICHE 37

Le son parcourt environ 340 m en une seconde.

Sa vitesse est égale à :

☐ **a.** $1{,}224 \times 10^6$ km/h ☐ **b.** 1 224 km/h ☐ **c.** $20{,}4 \times 10^3$ km/h

## CORRIGÉS

### 1 Calcul d'une distance

**Réponse b.** Appliquons la relation $d = v \times t$ où $d$ est la distance parcourue, $v$ la vitesse moyenne et $t$ le temps mis pour la parcourir. $v = 20$ km/h et $t = 15$ min, c'est-à-dire $t = \frac{1}{4}$ h.

Alors $d = 20 \times \frac{1}{4}$ ou encore $d = 5$ km.

> **Attention**
> Attention aux unités !
> Si, la vitesse est en m/s, alors, en prenant le temps en s, nous aurons la distance en m.

### 2 Calcul d'une vitesse

**Réponse c.** La relation $d = v \times t$ s'écrit aussi $v = \frac{d}{t}$. Pour obtenir $v$ en m/h, il faut prendre $d$ en m et $t$ en h. Nous avons $d = 250$ cm, soit $d = 2{,}5$ m et $t = 0{,}5$ h.

Alors $v = \frac{2{,}5}{0{,}5}$ soit $v = 5$ m/h.

### 3 Calcul d'une durée

**Réponse a.** Appliquons encore la relation $d = v \times t$. Celle-ci s'écrit aussi $t = \frac{d}{v}$. Ici $d = 3\,000$ m, c'est-à-dire $d = 3$ km et $v = 60$ km/h. Nous trouverons $t$ en h.

Alors $t = \frac{3}{60}$ h ou $t = \frac{3}{60} \times 60$ min. Conclusion : $t = 3$ min.

### 4 Vitesse de la lumière

**Réponses b et c.** Notons $v$ la vitesse de la lumière.

Nous avons $v = 1{,}08 \times 10^9$ km/h d'où

$v = \frac{1{,}08 \times 10^9}{3\,600} = 300\,000$ km/s $= 3 \times 10^5$ km/s.

### 5 Vitesse du son

**Réponse b.** Parcourir 340 m en une seconde correspond à parcourir $340 \times 3\,600$ m en une heure, ou encore $\frac{340 \times 3\,600}{1\,000}$ km en une heure, soit 1 224 km/h.

Mémorisez les idées clés des fiches 32 à 37

# Grandeurs et mesures

## 1

Quel est le périmètre d'un rectangle de longueur 15 m et de largeur 8 m ?

FICHE 32

## 2

Quelle est l'aire d'un disque de rayon 3 cm ?

FICHE 33

## 3

Quelle formule donne le volume d'un parallélépipède rectangle ?

FICHE 34

## 4

Quelle formule donne le volume d'un cylindre ?

FICHE 34

## 5

Quelle est la relation entre distance, durée et vitesse moyenne ?

FICHE 37

## 6

Exprimez en m une longueur de 232 cm.

FICHE 36

## 7

Exprimez en $cm^2$ une aire de 0,58 $m^2$.

FICHE 36

## 8

Exprimez en litres un volume de 2,5 $m^3$.

FICHE 36

## RÉPONSES

**Efforcez-vous de répondre aux questions par vous-même avant de consulter les réponses, puis révisez régulièrement pour bien mémoriser.**

### 1

**Le périmètre d'un rectangle** est : $2 \times (\textit{Longueur} + \textit{largeur})$, donc le périmètre d'un rectangle de longueur 15 m et de largeur 8 m est 46 m.

### 2

**L'aire d'un disque** est : $\pi \times \textit{rayon} \times \textit{rayon}$, donc l'aire d'un disque de rayon 3 cm est $9 \times \pi$ cm$^2$.

### 3

**Le volume du parallélépipède rectangle** est $\textit{longueur} \times \textit{largeur} \times \textit{hauteur}$.
Ex. : Le volume d'un parallélépipède rectangle de longueur 20 cm, de largeur 15 cm et de hauteur 6 cm est 1 800 cm$^3$.

### 4

**Le volume d'un cylindre** est : $\pi \times (\textit{rayon de la base})^2 \times \textit{hauteur}$.
Ex. : Le volume d'un cylindre dont le rayon de la base mesure 7 cm et la hauteur 16 cm est égal à $784 \times \pi$ cm$^3$

### 5

La relation est $d = v \times t$ où $d$ désigne la distance parcourue, $t$ le temps mis pour la parcourir et $v$ la vitesse moyenne réalisée.
Ex. : si Paul a couru à 8,5 km/h pendant 2,5 h, il a parcouru 21,25 km.

### 6

**Pour convertir des cm en m**, on divise par 100 : donc 232 cm = 2,32 m.

### 7

**Pour convertir des m$^2$ en cm$^2$**, on multiplie par 100$^2$ soit 10 000, donc : 0,58 m$^2$ = 5 800 cm$^2$.

### 8

**Pour convertir des m$^3$ en litres** (ou dm$^3$) on multiplie par 1 000 : donc 2,5 m$^3$ = 2 500 L.

# Utiliser les relations trigonométriques dans un triangle rectangle

40

☐ OK

## I Relations trigonométriques dans le triangle rectangle

Soit un triangle ABC, rectangle en A.

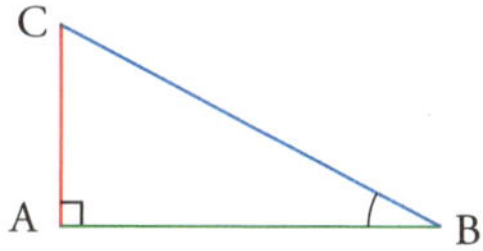


- $\sin \widehat{ABC} = \dfrac{AC}{BC} = \dfrac{\text{côté opposé}}{\text{hypoténuse}}$
- $\cos \widehat{ABC} = \dfrac{AB}{BC} = \dfrac{\text{côté adjacent}}{\text{hypoténuse}}$
- $\tan \widehat{ABC} = \dfrac{AC}{AB} = \dfrac{\text{côté opposé}}{\text{côté adjacent}}$

## II Relations fondamentales

Pour tout angle aigu de mesure $x$, on a :

$$\cos^2 x + \sin^2 x = 1 \quad \text{et} \quad \tan x = \frac{\sin x}{\cos x}.$$

## Méthodes

### 1 Calculer les mesures des côtés et des angles d'un triangle rectangle

Soit un triangle ABC rectangle en A.

On pose : BC = $a$, AC = $b$ et AB = $c$.

Les mesures des côtés du triangle sont exprimées en centimètres et seront calculées à 0,1 cm près. Les mesures des angles sont exprimées en degrés et seront calculées à un degré près.

Compléter le tableau, en indiquant succinctement les calculs effectués.

| $a$ | $b$ | $c$ | $\widehat{B}$ | $\widehat{C}$ |
|---|---|---|---|---|
| 9 | | | | 32 |
| | 4,5 | | 54 | |
| | | 8 | 76 | |
| | 3 | 4 | | |
| | | 9 | 60 | |

**Conseils**

- Commencez par tracer une figure.
- $\widehat{B}+\widehat{C}=90°$ puisque le triangle ABC est rectangle en A.
- Utilisez votre calculatrice.

**SOLUTION**

Utilisons les formules suivantes :

- $\cos\widehat{B}=\frac{c}{a}$
- $\sin\widehat{B}=\frac{b}{a}$
- $\tan\widehat{B}=\frac{b}{c}$
- $\cos\widehat{C}=\frac{b}{a}$
- $\sin\widehat{C}=\frac{c}{a}$
- $\tan\widehat{C}=\frac{c}{b}$

| *a* | *b* | *c* | $\widehat{B}$ | $\widehat{C}$ |
|---|---|---|---|---|
| 9 | 7,6 | 4,8 | 58 | 32 |
| 5,6 | 4,5 | 3,3 | 54 | 36 |
| 33,1 | 32,1 | 8 | 76 | 14 |
| 5 | 3 | 4 | 37 | 53 |
| 18 | 15,6 | 9 | 60 | 30 |

## 2 Calculer le cosinus d'un angle aigu connaissant son sinus

L'un des angles aigus d'un triangle rectangle mesure $x$ degrés. On sait que $\sin x=0,6$.

**Calculer la valeur exacte de $\cos x$.**

**Conseil**

Utilisez la formule $\cos^2 x+\sin^2 x=1$.

**SOLUTION**

- Nous savons que, pour tout angle aigu de mesure $x$, on a : $\cos^2 x+\sin^2 x=1$.
- Alors $\cos^2 x=1-\sin^2 x$.

$\cos^2 x=1-(0,6)^2$ soit

$\cos^2 x=1-0,36$ ou encore

$\cos^2 x=0,64$.

- Nous avons deux solutions : $\cos x=+\sqrt{0,64}$ et $\cos x=-\sqrt{0,64}$.

Puisque cos $x$ doit être positif, la réponse finale est :

$\cos x=+\sqrt{0,64}=0,8$.

**Attention**

cos $x$ est positif car c'est le quotient de deux distances. Donc $\cos x=-\sqrt{0,64}$ ne peut pas être une solution.

# Appliquer le théorème de Pythagore

41

☐ OK

- Si un triangle ABC est rectangle en A, alors :

$$BC^2 = AB^2 + AC^2$$

- Autre formulation : dans un triangle rectangle, le carré de l'hypoténuse est égal à la somme des carrés des côtés de l'angle droit.

**EXEMPLE**

Soit un triangle ABC rectangle en A et tel que AB = 15 cm et BC = 18,75 cm. On veut calculer la mesure exacte de la distance AC.

- [AB] et [AC] sont les côtés de l'angle droit, [BC] est l'hypoténuse.
- Nous pouvons appliquer le théorème de Pythagore et écrire : $BC^2 = AB^2 + AC^2$.

Alors $AC^2 = BC^2 - AB^2$ ou encore $AC^2 = 18{,}75^2 - 15^2$.

Donc $AC^2 = 126{,}5625$, soit AC = 11,25 cm.

## Méthodes

### 1 Appliquer le théorème de Pythagore dans l'espace

L'unité de longueur est le centimètre.

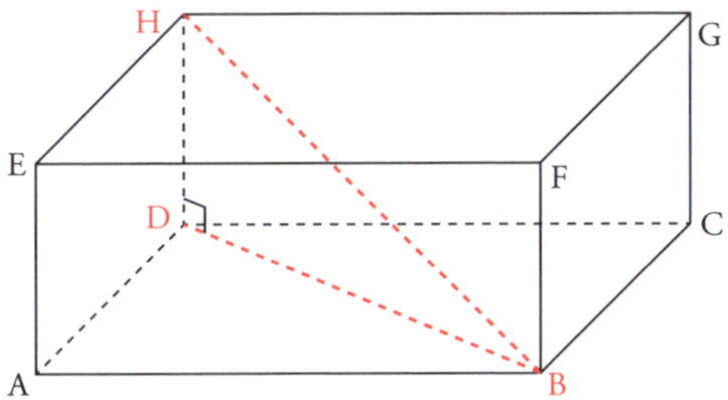


Soit un parallélépipède rectangle ABCDEFGH. La base ABCD a pour longueur AB = 12 et pour largeur AD = 8.

La hauteur mesure AE = 9.

**a.** Calculer la mesure exacte de la distance BD.

**b.** Calculer la mesure exacte du segment [BH] en admettant que le triangle HDB soit rectangle en D.

c. Un crayon de 16,5 cm de longueur pourrait-il rentrer dans une boîte de mêmes dimensions que ce parallélépipède ? Justifier.

**Conseil**

Repérez bien les côtés de l'angle droit et l'hypoténuse des triangles rectangles ABD et BDH.

**SOLUTION**

a. Appliquons le théorème de Pythagore au triangle ABD rectangle en A : $BD^2 = AB^2 + AD^2 = 12^2 + 8^2$
ou encore $BD^2 = 208$, donc $BD = 4\sqrt{13} \approx 14{,}4$.

b. Appliquons le théorème de Pythagore au triangle BDH rectangle en D : $BH^2 = BD^2 + DH^2 = 208 + 9^2$
ou encore $BH^2 = 289$, donc $BH = 17$.

c. Puisque $14{,}4 < 16{,}5 < 17$, pour rentrer dans la boîte, le crayon doit être disposé selon une diagonale ([BH] par exemple).

## 2 Résoudre un problème à l'aide du théorème de Pythagore

Deux chemins rectilignes $\mathcal{D}_1$ et $\mathcal{D}_2$ se coupent perpendiculairement en O. Deux très bons marcheurs $P_1$ et $P_2$ partent simultanément du point O et prennent chacun un des deux chemins à vitesse constante : $v_1 = 2$ m/s pour $P_1$ et $v_2 = 2{,}5$ m/s pour $P_2$.

Calculer la distance séparant les deux marcheurs 600 secondes après leur départ. En donner une valeur approchée au mètre près.

**Conseils**

Calculez les distances parcourues par chacun des marcheurs en 600 secondes, puis appliquez le théorème de Pythagore au triangle obtenu.

**SOLUTION**

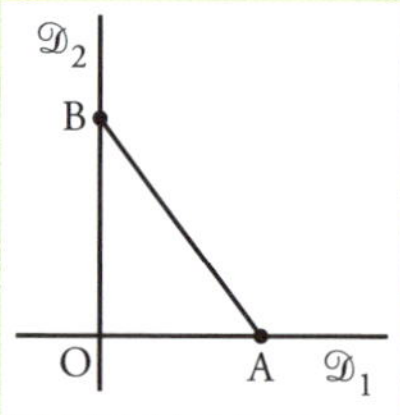


- Au bout de 600 secondes, $P_1$ sera en A avec $OA = 2 \times 600 = 1\,200$ m et $P_2$ sera en B avec $OB = 2{,}5 \times 600 = 1\,500$ m.
- Le triangle OAB est rectangle en O.
Le théorème de Pythagore permet d'écrire : $AB^2 = OA^2 + OB^2$.
$AB^2 = 1\,200^2 + 1\,500^2 = 3\,690\,000$,
soit $AB = \sqrt{3\,690\,000}$.
- Nous obtenons $AB = 1\,921$ m, valeur approchée au mètre près.

# Appliquer la réciproque du théorème de Pythagore

42

☐ OK

- Si un triangle ABC est tel que $BC^2 = AB^2 + AC^2$, alors ce triangle est rectangle en A.
- Autre formulation : Si, dans un triangle, le carré du plus grand côté est égal à la somme des carrés des deux autres côtés, alors le triangle est rectangle et admet pour hypoténuse le plus grand des côtés.

**EXEMPLE**

Soit un triangle ABC tel que AB = 5,7 ; AC = 8,4 et BC = 10. Montrons que le triangle ABC n'est pas rectangle.

1. [BC] est le plus grand des côtés du triangle ABC.
2. Calculons : $AB^2 = 5{,}7^2 = 32{,}49$ ; $AC^2 = 8{,}4^2 = 70{,}56$ ; $BC^2 = 10^2 = 100$.
3. Puisque $32{,}49 + 70{,}56 = 103{,}05$, alors $32{,}49 + 70{,}56 \neq 100$.

Par conséquent : $AB^2 + AC^2 \neq BC^2$.

Conclusion : Si le triangle ABC avait été rectangle en A, alors nous aurions pu appliquer le théorème de Pythagore et écrire que $AB^2 + AC^2 = BC^2$. Mais $AB^2 + AC^2 \neq BC^2$, donc le triangle ABC n'est pas rectangle en A.

## Méthodes

### 1 Appliquer la réciproque du théorème de Pythagore dans le plan

Soit un triangle ABC tel que AB = 36, AC = 48 et BC = 60 (les longueurs sont exprimées en millimètres).

a. Quelle est la nature du triangle ABC ?

b. Soit H le point du segment [BC] tel que CH = 38,4. On sait de plus que AH = 28,8. Quelle est la nature du triangle AHC ? Que représente la droite (AH) pour le triangle ABC ?

**Conseils**

Calculez les carrés des mesures de chacun des côtés du triangle considéré. Additionnez les deux plus petits carrés et comparez cette somme au troisième carré.

**SOLUTION**

a. On a : $AB^2 = 36^2 = 1\,296$ ; $AC^2 = 48^2 = 2\,304$ ; $BC^2 = 60^2 = 3\,600$.

Nous remarquons que $1\,296 + 2\,304 = 3\,600$, c'est-à-dire $AB^2 + AC^2 = BC^2$. D'après la réciproque du théorème de Pythagore, le triangle ABC est rectangle en A.

b. On a : $AH^2 = 28{,}8^2 = 829{,}44$ ; $CH^2 = 38{,}4^2 = 1\,474{,}56$ ; $AC^2 = 48^2 = 2\,304$.

Nous remarquons que $829{,}44 + 1\,474{,}56 = 2\,304$, c'est-à-dire $AH^2 + CH^2 = AC^2$. D'après la réciproque du théorème de Pythagore, le triangle AHC est rectangle en H. La droite (AH) représente donc la hauteur issue de A dans le triangle ABC.

## 2 Déterminer si une étagère est horizontale ou non

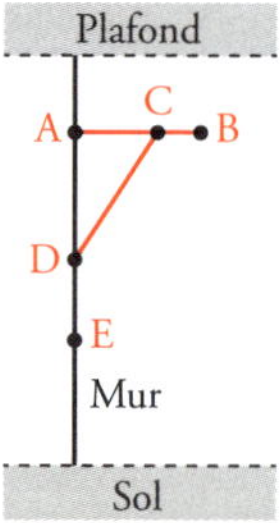


Les différentes longueurs sont données en cm.

L'étagère [AB] est fixée à un mur vertical et maintenue par un support [CD]. On donne : AC = 40, AD = 60 et DC = 70.

a. L'étagère est-elle horizontale ? Pourquoi ?

b. Le point C est fixe tandis que le point D peut coulisser sur [AE]. À quelle distance de A (arrondie à 0,1 près) doit-on placer le point D pour que l'étagère soit horizontale ?

**Conseil**

**a.** L'étagère est horizontale si (AC) est perpendiculaire à (AD), donc si le triangle DAC est rectangle en A.

**SOLUTION**

a. $AD^2 + AC^2 = 60^2 + 40^2 = 5\,200$ et $CD^2 = 70^2 = 4\,900$.

Donc $AD^2 + AC^2 \neq CD^2$. Donc le triangle DAC n'est pas rectangle en A, et l'étagère n'est pas horizontale.

b. Notons D′ la nouvelle position du point D qui permet d'avoir un triangle D′AC rectangle en A. Appliquons le théorème de Pythagore dans le triangle D′AC rectangle en A : $AD'^2 + AC^2 = CD'^2$, soit $AD'^2 = CD'^2 - AC^2 = 70^2 - 40^2 = 3\,300$.

$AD' = \sqrt{3\,300} \simeq 57{,}4$ (valeur arrondie à 0,1 près).

Il faut placer le point D′ (ou D) à 57,4 cm du point A pour que l'étagère soit horizontale.

# Quiz EXPRESS

**43**

Avez-vous bien révisé les fiches 40 à 42 ? On vérifie !

# Triangle rectangle, trigonométrie et théorème de Pythagore

## 1 Mesure d'un côté d'un triangle rectangle

FICHE 40

Le triangle ABC est rectangle en A. On donne AB = 2 cm et $\widehat{ACB} = 30°$. La longueur exacte du segment [AC] est :

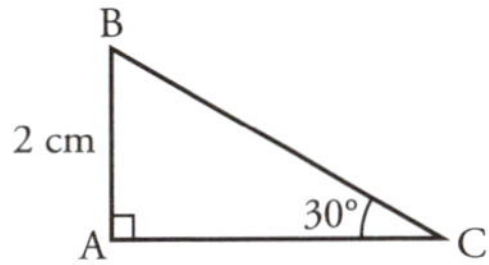


☐ **a.** 3,4 cm ☐ **b.** $\frac{6}{\sqrt{3}}$ cm

☐ **c.** $2\sqrt{3}$ cm

## 2 Calcul de la longueur de l'hypoténuse

FICHE 41

Soit un triangle ABC rectangle en B. On donne AB = 2 cm et BC = 5 cm. Alors la longueur exacte du segment [AC] est :

☐ **a.** $\sqrt{29}$ cm ☐ **b.** 7 cm ☐ **c.** 5,4 cm

## 3 Calcul d'un côté de l'angle droit

FICHE 41

Soit un triangle FGH rectangle en F. On donne FH = 6,8 cm et GH = 8,5 cm. Alors la longueur exacte du segment [GF] est :

☐ **a.** 1,7 cm ☐ **b.** 5,1 cm ☐ **c.** $\sqrt{118{,}49}$ cm

## 4 Triangle rectangle ou non

FICHE 42

**1.** Soit un triangle IJK tel que IJ = 3,3 cm, IK = 4,4 cm et JK = 5,5 cm. Alors le triangle IJK :

☐ **a.** n'est pas un triangle rectangle.

☐ **b.** est rectangle en J. ☐ **c.** est rectangle en I.

**2.** Soit un triangle STU, nous savons que TU < SU < ST.
Le triangle STU peut-il être rectangle en S ?

☐ **a.** Oui ☐ **b.** On ne peut rien dire. ☐ **c.** Non

## CORRIGÉS

### 1 Mesure d'un côté d'un triangle rectangle

**Réponses b et c.**

• Dans le triangle ABC rectangle en A, nous avons :

$\tan \widehat{ACB} = \frac{AB}{AC}$ ou $AC = \frac{AB}{\tan \widehat{ACB}} = \frac{2}{\tan 30°}$.

Donc $AC = \frac{2}{\tan 30°} = \frac{2}{\frac{\sqrt{3}}{3}}$ et $AC = \frac{6}{\sqrt{3}}$.

• AC peut encore s'écrire : $AC = \frac{6}{\sqrt{3}} = \frac{6\sqrt{3}}{3}$. Donc $AC = 2\sqrt{3}$.

### 2 Calcul de la longueur de l'hypoténuse

**Réponse a.** Appliquons le théorème de Pythagore au triangle ABC rectangle en B :

$AC^2 = AB^2 + BC^2$ soit $AC^2 = 2^2 + 5^2 = 29$. Alors $AB = \sqrt{29}$ cm.

### 3 Calcul d'un côté de l'angle droit

**Réponse b.** Appliquons le théorème de Pythagore au triangle FGH rectangle en F :

$GH^2 = FH^2 + GF^2$, soit $8{,}5^2 = 6{,}8^2 + GF^2$

ou encore $GF^2 = 8{,}5^2 - 6{,}8^2 = 26{,}01$.

Alors $GF = \sqrt{26{,}01}$ et $GF = 5{,}1$ cm.

### 4 Triangle rectangle ou non

**1. Réponse c.** Calculons les carrés des longueurs de chaque côté :

$3{,}3^2 = 10{,}89$ ; $4{,}4^2 = 19{,}36$ et $5{,}5^2 = 30{,}25$.

Nous avons $3{,}3^2 + 4{,}4^2 = 30{,}25 = 5{,}5^2$ soit $IJ^2 + IK^2 = JK^2$.

D'après la réciproque du théorème de Pythagore, le triangle IJK est rectangle en I.

**2. Réponse c.** Le plus grand côté d'un triangle rectangle est l'hypoténuse. Ici le plus grand côté est [ST], donc le triangle STU ne pourrait être rectangle qu'en U et non en S.

# Appliquer le théorème de Thalès

44

☐ OK

Soient :

- deux droites $\mathscr{D}$ et $\mathscr{D}'$ sécantes en A ;
- B et M deux points de $\mathscr{D}$ distincts de A ;
- C et N deux points de $\mathscr{D}'$ distincts de A.

Si les droites (BC) et (MN) sont parallèles, alors :

$\frac{AM}{AB} = \frac{AN}{AC} = \frac{MN}{BC}$.

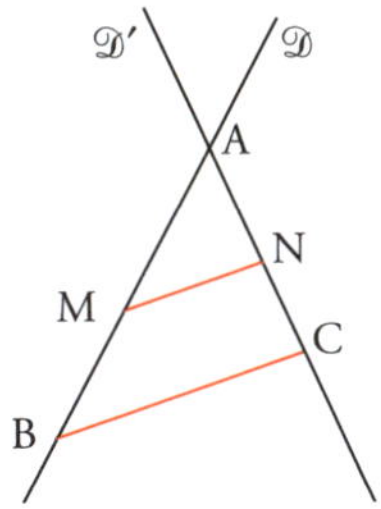


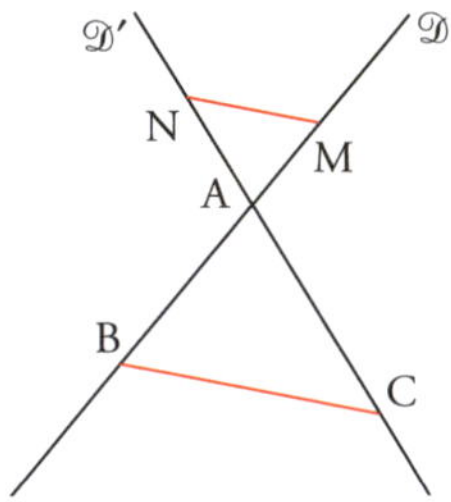


## Méthodes

### 1 Calculer des distances dans le plan

L'unité de longueur est le centimètre.

Les droites (AB) et (EF) sont parallèles.

De plus, OA = 2 ; OF = 1,5 ; OB = 3 et EF = 1,8.

Calculer les distances OE et AB.

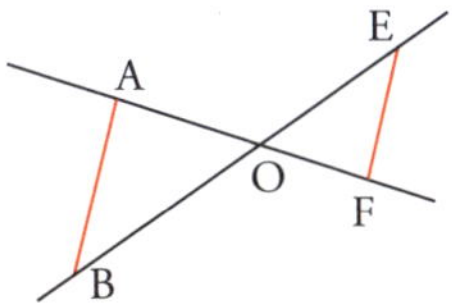


**Conseils**

- Faites attention à l'ordre des points considérés !
- N'oubliez pas de justifier l'application du théorème de Thalès.

**SOLUTION**

- Les points A, O, F sont alignés dans le même ordre que les points B, O, E. De plus, les droites (AB) et (EF) sont parallèles.

• Nous pouvons donc appliquer le théorème de Thalès et écrire : $\frac{OA}{OF} = \frac{OB}{OE} = \frac{AB}{EF}$.

• En remplaçant les longueurs par leurs mesures dans l'égalité $\frac{OA}{OF} = \frac{OB}{OE}$, nous obtenons $\frac{2}{1{,}5} = \frac{3}{OE}$, d'où $OE = \frac{3 \times 1{,}5}{2}$, soit OE = 2,25 cm.

• De même, $\frac{OA}{OF} = \frac{AB}{EF}$ donne $\frac{2}{1{,}5} = \frac{AB}{1{,}8}$, soit AB = 2,4 cm.

## 2 Construire un point sur un segment selon un rapport donné

Sur une droite $\mathscr{D}$, on place deux points A et B tels que AB = 9 cm, puis on trace une droite Δ passant par A mais pas par B. On place sur cette droite un point C tel que AC = 12 cm et, sur le segment [AC], on place le point E tel que AE = 5 cm.

**Conseil**

Retrouvez une configuration de Thalès en traçant la droite parallèle à (CB) passant par E. Celle-ci coupe $\mathscr{D}$ en P.

Construire le point M de [AB] tel que $\frac{MA}{MB} = \frac{5}{7}$.

**SOLUTION**

• Les points A, E, C sont alignés dans le même ordre que les points A, P, B et les droites (EP) et (CB) sont parallèles.

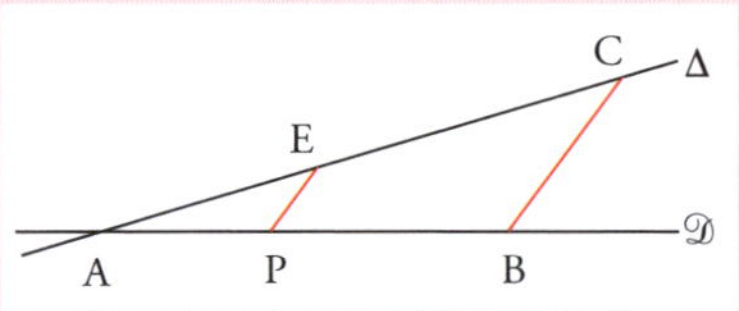


Le théorème de Thalès permet d'écrire : $\frac{AP}{AB} = \frac{AE}{AC} = \frac{5}{12}$.

• Mais AB = AP + PB, donc nous pouvons écrire : $\frac{AP}{AP + PB} = \frac{5}{12}$, soit 5AP + 5PB = 12AP.

Alors 7AP = 5PB et enfin $\frac{PA}{PB} = \frac{5}{7}$.

• Le point P est donc le point M cherché.

# Appliquer la réciproque du théorème de Thalès

45

☐ OK

Soient :

- deux droites $\mathscr{D}$ et $\mathscr{D}'$ sécantes en A ;
- B et M deux points de $\mathscr{D}$ distincts de A ;
- C et N deux points de $\mathscr{D}'$ distincts de A.

Si les points A, B et M d'une part, et les points A, C et N d'autre part sont alignés dans le même ordre et si $\frac{AM}{AB} = \frac{AN}{AC}$, alors les droites (BC) et (MN) sont parallèles.

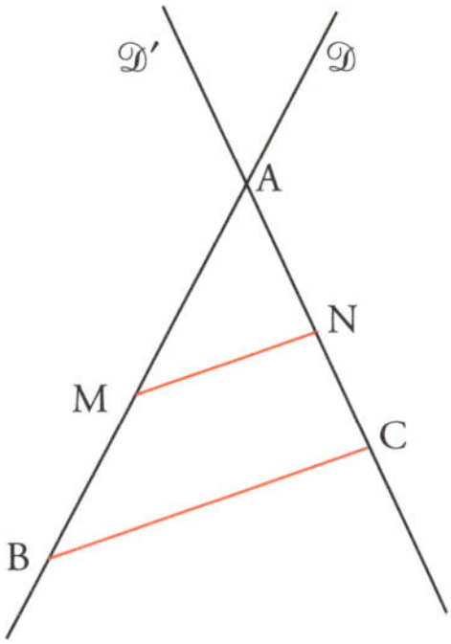


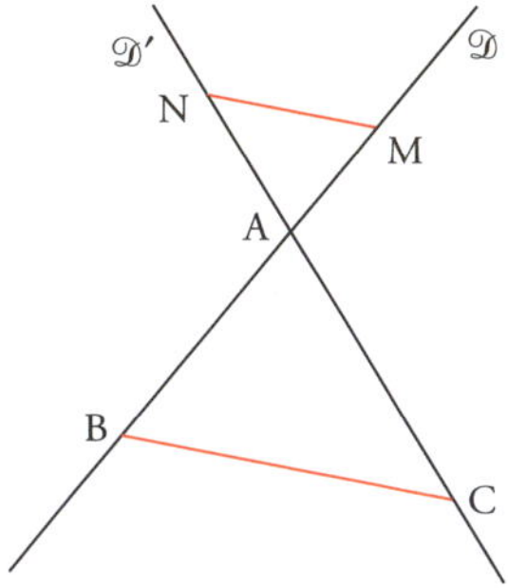


## Méthodes

### 1 Démontrer que deux droites sont parallèles

Les longueurs sont mesurées en centimètres.

Construire un triangle ABC tel que AB = 3, BC = 7 et AC = 9.

Placer le point E de la demi-droite [AB) tel que AE = 5, puis le point F de la demi-droite [AC) tel que AF = 15.

**Les droites (BC) et (EF) sont-elles parallèles ? Justifier votre réponse.**

**Conseils**

N'oubliez pas de justifier l'application de la réciproque du théorème de Thalès. Attention à bien respecter l'ordre des points.

**SOLUTION**

• Nous avons $\frac{AB}{AE} = \frac{3}{5} = 0{,}6$ et $\frac{AC}{AF} = \frac{9}{15} = 0{,}6$. Nous en déduisons que $\frac{AB}{AE} = \frac{AC}{AF}$.

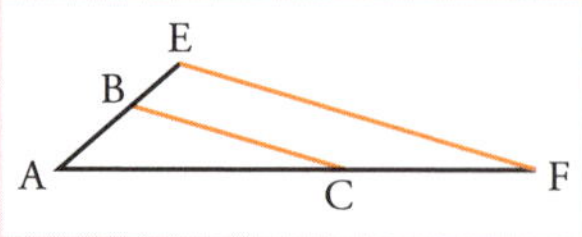


• Les points A, C, F sont alignés dans le même ordre que les points A, B, E. De plus $\frac{AB}{AE} = \frac{AC}{AF}$. Donc, d'après la réciproque du théorème de Thalès, les droites (BC) et (EF) sont parallèles.

## 2 Démontrer que deux droites ne sont pas parallèles

L'unité de longueur est le centimètre.

On considère deux droites $\mathscr{D}_1$ et $\mathscr{D}_2$ sécantes en O. Les points A et H sont situés sur $\mathscr{D}_1$ tandis que les points B et G sont situés sur $\mathscr{D}_2$.

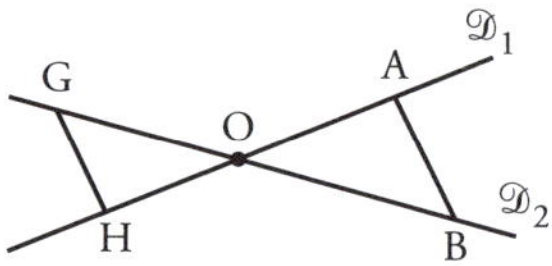


On donne : OA = 6 ; OB = 8 ; OG = 6,6 et OH = 5.

**Les droites (AB) et (GH) sont-elles parallèles ?**

**Conseils**

Vérifiez si l'on peut utiliser la réciproque du théorème de Thalès, ou pas : les droites sont-elles bien sécantes ? Dans quel ordre les points sont-ils alignés ? Quel est le rapport des longueurs ?

**SOLUTION**

• Calculons : $\frac{OA}{OH} = \frac{6}{5}$ et $\frac{OB}{OG} = \frac{8}{6{,}6}$.

Nous remarquons que $\frac{6}{5} \neq \frac{8}{6{,}6}$, donc nous en déduisons que $\frac{OA}{OH} \neq \frac{OB}{OG}$.

Les points G, O, B sont alignés dans le même ordre que les points H, O, A.

• Si les droites (AB) et (GH) étaient parallèles, le théorème de Thalès permettrait d'écrire : $\frac{OA}{OH} = \frac{OB}{OG}$. Mais puisque $\frac{OA}{OH} \neq \frac{OB}{OG}$, les droites (AB) et (GH) ne sont pas parallèles.

**Quiz** EXPRESS

# 46

Avez-vous bien révisé les fiches 44 et 45 ? On vérifie !

## Configuration de Thalès

- Les différentes distances sont données en cm :

AD = 2 ; AB = 8 ; AC = 5 ; DE = 2,5 ; AF = 6 ; AG = 3,75 ; AI = 5 et AJ = 3.

- Les droites (DE) et (BC) sont parallèles.

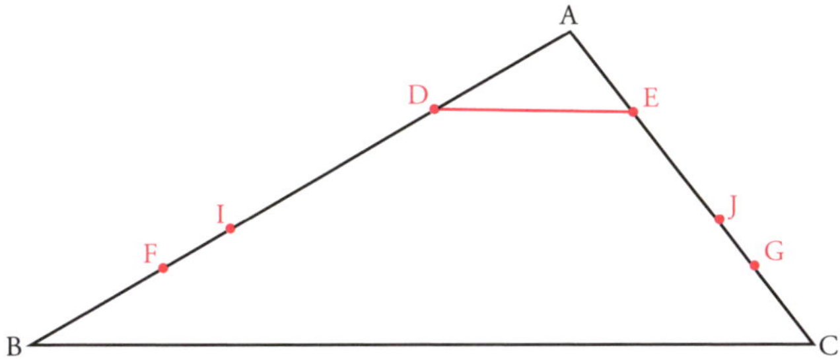


### 1 Calcul de la longueur d'un segment

FICHE 44

**1.** La distance AE est égale à :

☐ **a.** 0,8 ☐ **b.** 1,25 ☐ **c.** 20

**2.** La distance BC est égale à :

☐ **a.** 1,6 ☐ **b.** 10,1 ☐ **c.** 10

### 2 Droites parallèles ou non

FICHE 45

**1.** Les droites (FG) et (BC) sont-elles parallèles ?

☐ **a.** Oui

☐ **b.** On ne peut pas savoir.

☐ **c.** Non

**2.** Les droites (IJ) et (BC) sont-elles parallèles ?

☐ **a.** Oui

☐ **b.** On ne peut pas savoir.

☐ **c.** Non

## CORRIGÉS

### 1 Calcul de la longueur d'un segment

**1. Réponse b.** Les points A, D, B sont alignés dans le même ordre que les points A, E, C.

De plus, les droites (DE) et (BC) sont parallèles.

Donc nous pouvons appliquer le théorème de Thalès et écrire : $\frac{AD}{AB} = \frac{AE}{AC} = \frac{DE}{BC}$. De l'égalité $\frac{AD}{AB} = \frac{AE}{AC}$, nous déduisons que $\frac{2}{8} = \frac{AE}{5}$, soit $AE = 1{,}25$.

**2. Réponse c.** Nous avons vu à la question précédente que $\frac{AD}{AB} = \frac{DE}{BC}$.

Nous en déduisons que $\frac{2}{8} = \frac{2{,}5}{BC}$ soit $BC = \frac{2{,}5 \times 8}{2} = 10$.

### 2 Droites parallèles ou non

**1. Réponse a.** Calculons : $\frac{AF}{AB} = \frac{6}{8} = 0{,}75$ et $\frac{AG}{AC} = \frac{3{,}75}{5} = 0{,}75$.

Nous avons donc $\frac{AF}{AB} = \frac{AG}{AC}$. Les points A, F, B sont alignés dans le même ordre que les points A, G, C et de plus $\frac{AF}{AB} = \frac{AG}{AC}$.

D'après la réciproque du théorème de Thalès, les droites (FG) et (BC) sont parallèles.

**2. Réponse c.** Calculons : $\frac{AI}{AB} = \frac{5}{8} = 0{,}625$ et $\frac{AJ}{AC} = \frac{3}{5} = 0{,}6$.

Nous avons donc $\frac{AI}{AB} \neq \frac{AJ}{AC}$. Les points A, I, B sont alignés dans le même ordre que les points A, J, C mais $\frac{AI}{AB} \neq \frac{AJ}{AC}$. Si les droites (IJ) et (BC) étaient parallèles, nous pourrions appliquer le théorème de Thalès et écrire $\frac{AI}{AB} = \frac{AJ}{AC}$. Mais comme nous savons que $\frac{AI}{AB} \neq \frac{AJ}{AC}$, les droites (IJ) et (BC) ne sont pas parallèles.

# Connaître les trois cas d'égalité des triangles

## 47

☐ OK

## I Premier cas d'égalité des triangles

Si deux triangles ont un côté de même longueur adjacent à **deux angles** respectivement égaux, alors ces triangles sont égaux.

**À savoir**

On dit que deux triangles sont égaux lorsqu'ils sont superposables.

**EXEMPLE** Si BC = EF, $\widehat{ABC} = \widehat{DEF}$ et $\widehat{ACB} = \widehat{DFE}$, alors les triangles ABC et DEF sont égaux. Nous pouvons en déduire que AB = DE, AC = DF et $\widehat{BAC} = \widehat{EDF}$.

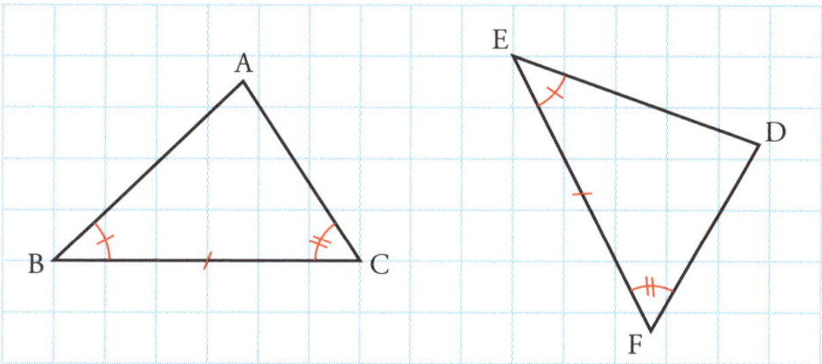


## II Deuxième cas d'égalité des triangles

Si deux triangles ont un angle de même mesure compris entre **deux côtés** respectivement de même longueur, alors ces triangles sont égaux.

**EXEMPLE** Si $\widehat{BAC} = \widehat{EDF}$, AB = DE et AC = DF, alors les triangles ABC et DEF sont égaux. Nous pouvons en déduire que $\widehat{ABC} = \widehat{DEF}$, $\widehat{ACB} = \widehat{DFE}$ et BC = EF.

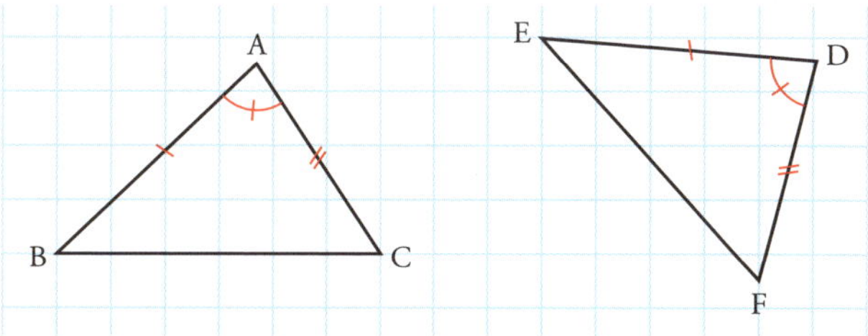

## III Troisième cas d'égalité des triangles

Si deux triangles ont leurs **trois côtés** respectivement de même longueur, alors ces triangles sont égaux.

**EXEMPLE** Si AB = DE, AC = DF et BC = EF, alors les triangles ABC et DEF sont égaux. Nous pouvons en déduire que $\widehat{ABC} = \widehat{DEF}$, $\widehat{ACB} = \widehat{DFE}$ et $\widehat{BAC} = \widehat{EDF}$.

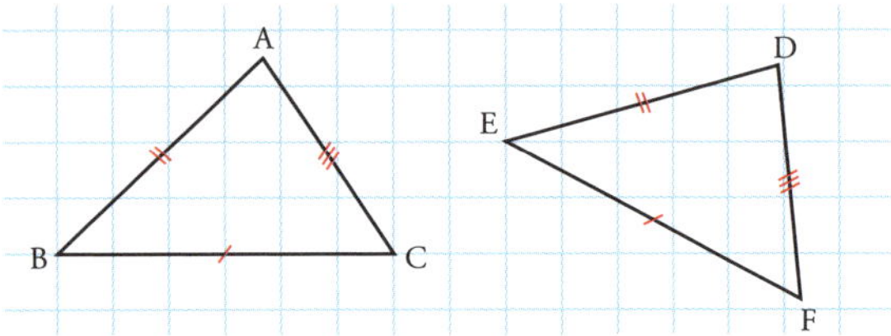


## Méthode

### Comparer deux longueurs

Soit un triangle ABC isocèle en A.

On note I et J les milieux respectifs des côtés [AB] et [AC] de ce triangle.

On note K le point d'intersection des droites (CI) et (BJ).

**Construire une figure, puis comparer les distances CI et BJ.**

**Conseils**

Trouvez des triangles qui pourraient être égaux, puis appliquez le deuxième cas d'égalité des triangles.

**SOLUTION**

• Considérons les triangles BIC et CJB. Nous savons que [BC] est un côté commun aux deux triangles.

• Nous savons aussi que $\widehat{IBC} = \widehat{JCB}$ et que AB = AC puisque le triangle ABC est isocèle en A. Alors $BI = \frac{AB}{2}$ et $CJ = \frac{AC}{2}$ donc BI = CJ.

• D'après le deuxième cas d'égalité, les triangles BIC et CJB sont égaux. En conséquence CI = BJ.

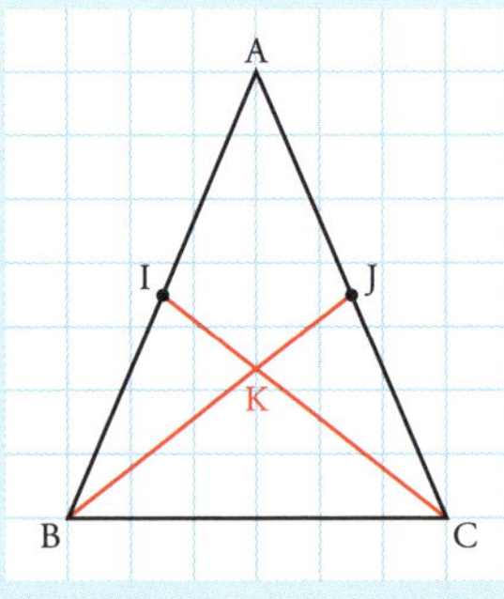


Conclusion : les distances CI et BJ sont égales.

# Appliquer des transformations géométriques

48

☐ OK

## I Quelques transformations

### Symétrie axiale

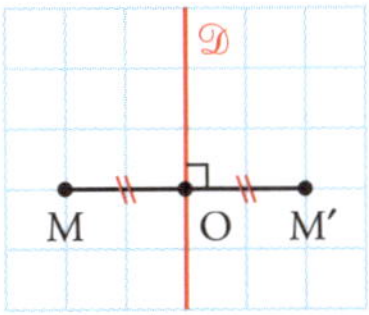


- Le point M′ est le symétrique du point M par rapport à la droite 𝒟 si 𝒟 est la **médiatrice** du segment [MM′].
- Deux figures sont symétriques par rapport à une droite si elles se superposent après **pliage** de la feuille le long de la droite.

### Symétrie centrale

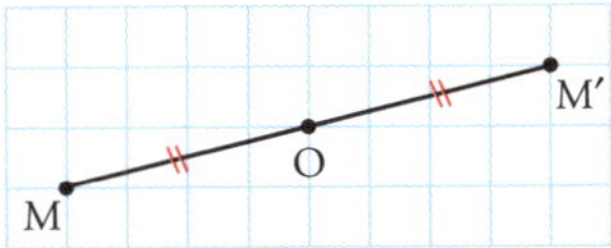


- Le point M′ est le symétrique du point M par rapport au point O si ce point O est le **milieu** du segment [MM′].
- Deux figures sont symétriques par rapport à un point O si elles sont superposables après un **demi-tour** autour de O (ou après rotation de 180° de centre O).

### Rotation

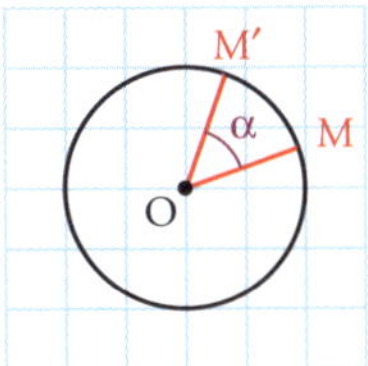


- Le point M′ est l'image du point M par la **rotation d'angle** $\alpha$ si $OM = OM'$ et $\widehat{MOM'} = \alpha$.
- Cette rotation peut s'effectuer dans le sens des aiguilles d'une montre ou non.

### Translation

- Dans le parallélogramme ABCD, le point C est l'image du point D par la translation qui transforme le point A en le point B. On parle parfois de « **glissement** ».
- L'image d'une droite par une translation est une droite qui lui est parallèle.
- L'image d'une figure par une translation est une figure qui lui est superposable.

## II Propriétés de conservation

Ces transformations géométriques **conservent** les longueurs, les angles, les aires, les alignements, le parallélisme et la perpendicularité.

**Méthode**

### Construire une figure à l'aide des transformations

1. Tracer un carré ABCD de centre O et de 2 cm de côté, puis :

a. placer le point E image du point O dans la symétrie de centre B ;

b. placer le point F image du point C dans la translation qui transforme le point A en le point O ;

c. placer le point G image du point E dans la rotation de centre O qui transforme B en A ;

d. placer le point H tel que les droites (AD) et (GH) soient parallèles, GH = 2AD et enfin que l'angle $\widehat{HGA}$ soit aigu.

2. Démontrer que les droites (EF) et (AD) sont parallèles.

**Conseil**

2. Pour démontrer que deux droites sont parallèles, on peut essayer d'appliquer la réciproque du théorème de Thalès.

▶ FICHE 47

**SOLUTION**

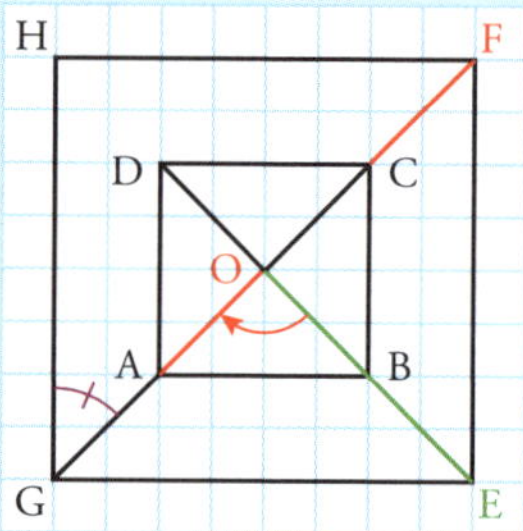


1. a. Puisque E est l'image de O dans la symétrie de centre B, alors B est le milieu du segment [OE].

b. Puisque F est l'image C dans la translation qui transforme A en O, alors les points O, C, F sont alignés et AO = CF.

c. Puisque G est l'image de E dans la rotation de centre O qui transforme B en A, alors OG = OE et $\widehat{EOG} = \widehat{BOA}$.

d. Il existe *a priori* deux points H possibles mais un seul donne un angle $\widehat{HGA}$ aigu.

2. Voici une démonstration possible. Les points O, C, F sont alignés dans le même ordre que les points O, B, E et, de plus, $\frac{OC}{OF} = \frac{OB}{OE} = \frac{1}{2}$. D'après la réciproque du théorème de Thalès, les droites (EF) et (BC) sont parallèles. Or (BC) et (AD) sont parallèles puisque ABCD est un carré. Donc (EF) et (AD) sont parallèles.

# Agrandir et réduire des figures par homothétie

49

☐ OK

## I Image d'un point par une homothétie

Le point B est l'image du point A par l'**homothétie de centre O et de rapport $k$** (où $k$ est un nombre strictement positif) si :

- les points O, A et B sont alignés ;
- le point O n'est pas situé sur le segment [AB] ;
- $OB = k \times OA$.

**EXEMPLE** Sur la figure ci-dessous, B est l'image de A par l'homothétie de centre O et de rapport $k = 3$.

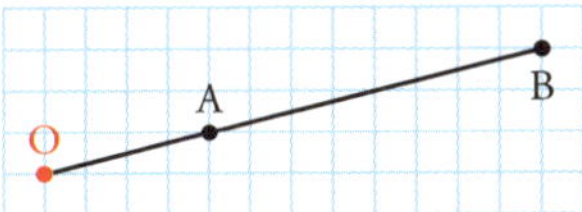


## II Transformer une figure par une homothétie

Transformer une figure par une homothétie, c'est l'agrandir ou la réduire.

**EXEMPLE** Sur le schéma ci-dessous, les points O, A, A′, les points O, B, B′ et les points O, C, C′ sont alignés.

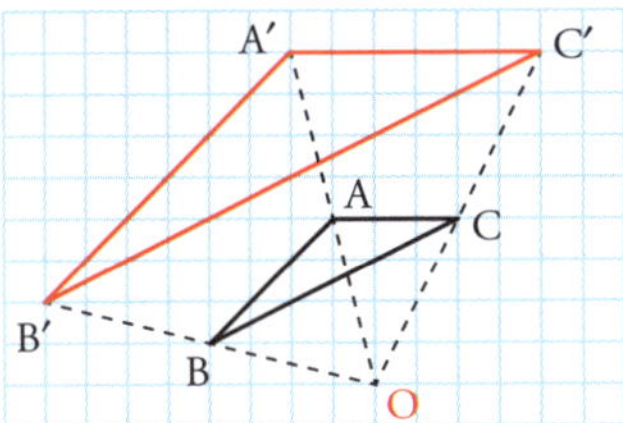


- Le triangle A′B′C′ est l'image du triangle ABC par l'homothétie de centre O et de rapport 2 : on a un **agrandissement**.
- Le triangle ABC est l'image du triangle A′B′C′ par l'homothétie de centre O et de rapport $\frac{1}{2}$ : on a une **réduction**.

On a donc : $\frac{OA'}{OA} = \frac{OB'}{OB} = \frac{OC'}{OC} = 2$ et $\frac{OA}{OA'} = \frac{OB}{OB'} = \frac{OC}{OC'} = \frac{1}{2}$.

## III Homothétie, proportionnalité et théorème de Thalès

La transformation d'un triangle par une homothétie traduit aussi une configuration de Thalès. En considérant la seconde figure de la page précédente, on peut remarquer que :

- les côtés des triangles ABC et A′B′C′ sont proportionnels ;
- leurs angles homologues sont égaux.

On dit que les triangles ABC et A′B′C′ sont **semblables**.

## IV Propriétés de conservation de l'homothétie

L'homothétie **conserve** les angles, l'alignement, le parallélisme et la perpendicularité.

**EXEMPLE** Par une homothétie, l'image d'une droite est une droite qui lui est parallèle.

### Méthode

#### Construire l'image d'un segment par une homothétie

Sur le schéma ci-contre, le segment [AB] mesure 2 cm.

**a.** **Reproduire le schéma en vraie grandeur sur une feuille quadrillée, puis construire l'image [A′B′] du segment [AB] par l'homothétie de centre O et de rapport 1,5.**

**b.** **Combien mesure la distance A′B′ ?**

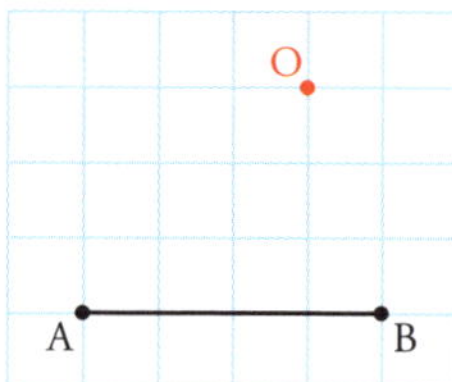


**SOLUTION**

**a.** Sur le schéma, on mesure OA = 2,2 cm et OB = 1,6 cm.
Les points O, A et A′ sont alignés et OA′ = 1,5 × OA, soit OA′ = 3,3 cm.
Les points O, B et B′ sont alignés et OB′ = 1,5 × OB, soit OB′ = 2,4 cm.

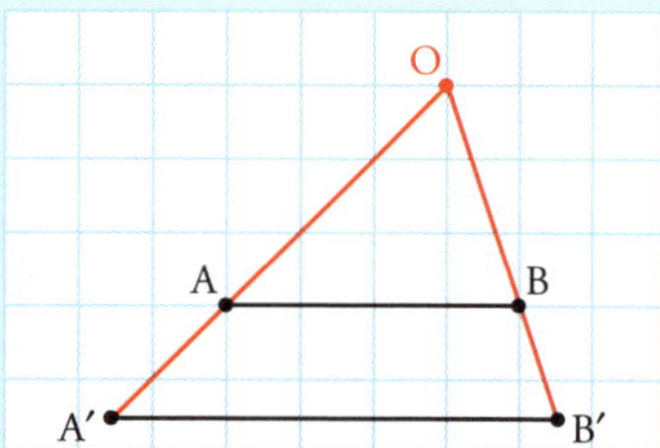


**b.** Le segment [A′B′] est un agrandissement du segment [AB].
On a : A′B′ = 1,5 × AB =1,5 × 2, soit A′B′ = 3 cm.

# Transformations et triangles

## 1 Triangles rectangles égaux ou non ?

FICHE 47

Deux triangles rectangles dont les hypoténuses et un côté adjacent à l'angle droit sont de même longueur sont :

☐ **a.** semblables ☐ **b.** égaux ☐ **c.** On ne peut rien dire.

## 2 Aire d'une figure obtenue par translation

FICHE 48

Quand on fait subir une translation à une figure, son aire :

☐ **a.** diminue ☐ **b.** augmente ☐ **c.** ne change pas

## 3 Mouvement des ailes d'un moulin

FICHE 48

En faisant un tour, les ailes d'un moulin effectuent :

☐ **a.** une rotation d'angle 360°

☐ **b.** une symétrie axiale

☐ **c.** une translation

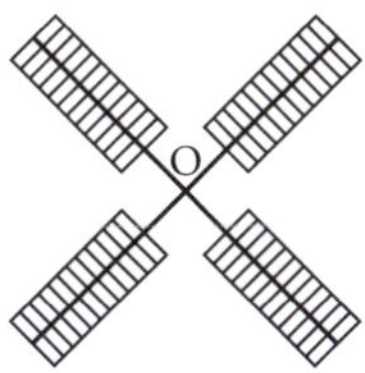


## 4 Transformations géométriques

FICHES 48 ET 49

Les points A, B, C, O, D, E et F sont alignés. Le point O est le milieu du segment [CD] et AB = BC = CD = DE = EF.

Le point F est l'image :

☐ **a.** du point C par l'homothétie de centre A et de rapport 2,5.

☐ **b.** du point A par la symétrie de centre O.

☐ **c.** du point C par l'homothétie de centre A et de rapport 0,4.

## CORRIGÉS

### 1 Triangles rectangles égaux ou non ?

**Réponses a et b.**
Le théorème de Pythagore permet d'affirmer que les troisièmes côtés de ces deux triangles sont égaux. Alors, d'après le deuxième ou le troisième cas d'égalité des triangles (quelconques), les deux triangles rectangles sont égaux.

Deux triangles égaux sont aussi semblables.

### 2 Aire d'une figure obtenue par translation

**Réponse c.**
La translation conserve les aires.

### 3 Mouvement des ailes d'un moulin

**Réponse a.**
Les quatre ailes du moulin tournent autour du point O.

À chaque tour, chacune d'elle balaie un angle de 360°.

### 4 Transformations géométriques

**Réponses a et b.**

Le point F est l'image du point C par l'homothétie de centre A et de rapport 2,5 car les points A, C et F sont alignés et de plus $\frac{AF}{AC} = \frac{5}{2} = 2{,}5$.
Le point F est l'image du point A par la symétrie de centre O car le point O est le milieu du segment [AF].

# Se repérer dans un plan, dans l'espace

51

☐ OK

## I Se repérer dans un plan muni d'un repère orthogonal

- Un **repère orthogonal** est constitué d'une origine et de deux axes perpendiculaires. Quand les unités sur chacun des axes sont les mêmes, on dit que le repère est orthonormé.
- Un point est repéré par **deux coordonnées** : son **abscisse** et son **ordonnée**.

**EXEMPLE**

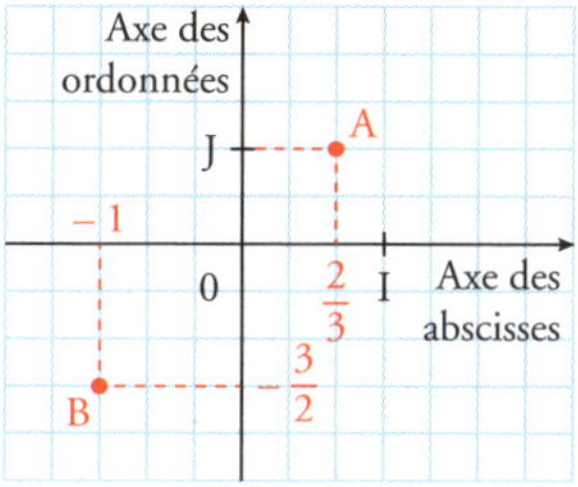


• Les coordonnées de A sont $x_A = +\frac{2}{3}$ et $y_A = +1$.
On note $A\left(+\frac{2}{3};+1\right)$.

• Les coordonnées de B sont $x_B = -1$ et $y_B = -\frac{3}{2}$.
On note $B\left(-1;-\frac{3}{2}\right)$.

## II Se repérer dans un parallélépipède rectangle

- Se repérer **dans l'espace** revient à se repérer dans un parallélépipède rectangle. Dans ce solide, trois arêtes concourantes forment un repère.
- Un point A est repéré par **trois coordonnées** : son abscisse $x_A$, son ordonnée $y_A$ et son altitude $z_A$.

**EXEMPLE**

L'abscisse du point A est $x_A = +2$, son ordonnée est $y_A = +3$ et son altitude est $z_A = +5$. On note $A(2;3;5)$.

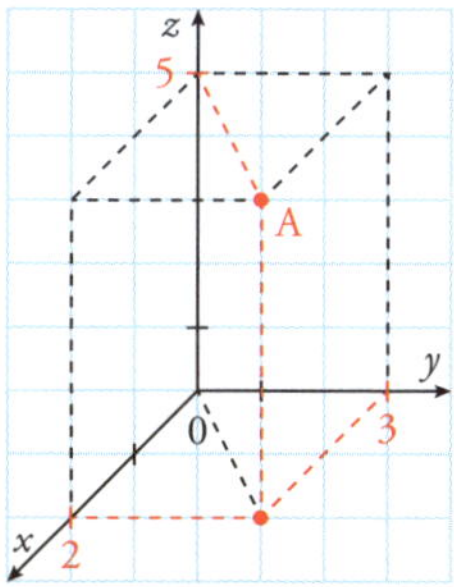


**Attention**

Les abscisses, les ordonnées et les altitudes sont des nombres relatifs.

## Méthodes

### 1 Repérer une boule de billard sur une table

La surface de jeu d'un billard est représentée par un rectangle OABC. Sa longueur OA et sa largeur OC mesurent respectivement 2,10 m et 1,05 m. Considérons un repère orthonormé d'origine O et tel qu'une unité représente 30 cm.

a. Placer les points O, A, B et C sachant que leurs coordonnées sont positives ou nulles, que O et A sont sur l'axe des abscisses et O et C sur l'axe des ordonnées. Lire les coordonnées des 4 points.

b. Placer la boule P sachant qu'elle est située à 15 cm de [OC] et à 60 cm de [OA]. Donner les coordonnées de P.

**SOLUTION**

a. O(0 ; 0) ; A(7 ; 0) ; B(7 ; 3,5) ; C(0 ; 3,5).

b. P(0,5 ; 2).

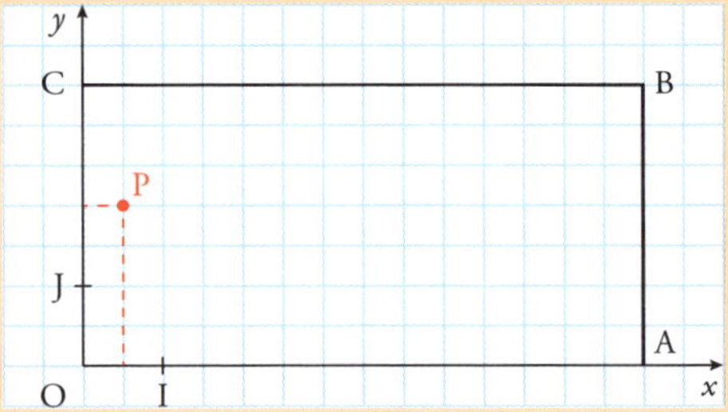


### 2 Repérer une balle de golf

Une balle de golf G est lancée à partir de l'origine O d'un repère dans un parallélépipède rectangle (une unité représente 2,5 m sur chaque axe). La balle passe au-dessus d'un drapeau dont le pied D a pour coordonnées (3 ; 4,5 ; 0). Alors la balle G est à 15 m au-dessus du sol. On note $z_G$ son altitude.

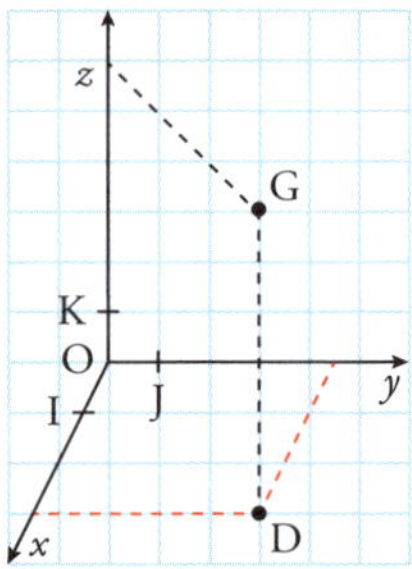


a. Tracer le repère et placer le point D.

b. Placer la balle G et donner la valeur de $z_G$. Écrire les coordonnées de G.

**SOLUTION**

a. D est situé dans le plan qui contient l'axe des abscisses et l'axe des ordonnées (c'est-à-dire le plan du sol).

b. On a $z_G = \dfrac{15}{2,5} = 6$. On peut donc écrire G(3 ; 4,5 ; 6).

# Déterminer la nature de sections de solides par un plan

52

☐ OK

## I Section d'un cube

- La section d'un cube **par un plan parallèle à une face** est un carré dont le côté possède la même mesure que l'arête du cube (**figure 1**).
- La section d'un cube **par un plan parallèle à une arête** est un rectangle.

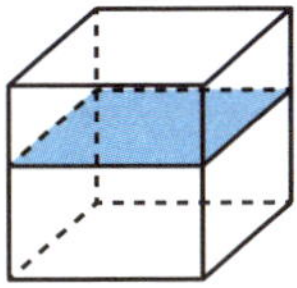

Figure 1

## II Section d'un parallélépipède rectangle

- La section d'un parallélépipède rectangle (ou pavé droit) **par un plan parallèle à une face** est un rectangle dont les dimensions sont égales à celles de cette face.
- La section d'un parallélépipède rectangle (ou pavé droit) **par un plan parallèle à une arête** est un rectangle (**figure 2**).

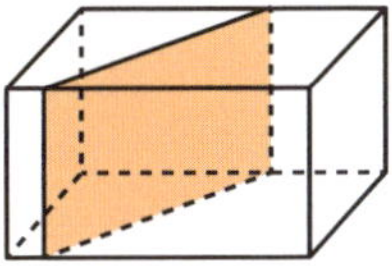

Figure 2

## III Section d'un cylindre de révolution

- La section d'un cylindre de révolution **par un plan parallèle à son axe** est un rectangle (**figure 3**).
- La section d'un cylindre de révolution **par un plan perpendiculaire à son axe** est un cercle de même rayon que celui de la base du cylindre de révolution.

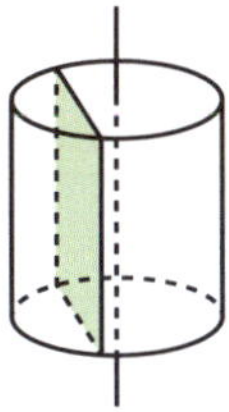

Figure 3

## IV Sections d'une pyramide et d'un cône de révolution

- La section d'une pyramide **par un plan parallèle à la base** est un polygone de même nature que la base de la pyramide. C'est une réduction du polygone de base (**figure 4**).
- La section d'un cône de révolution **par un plan parallèle à la base** est un cercle qui est une réduction de la base.

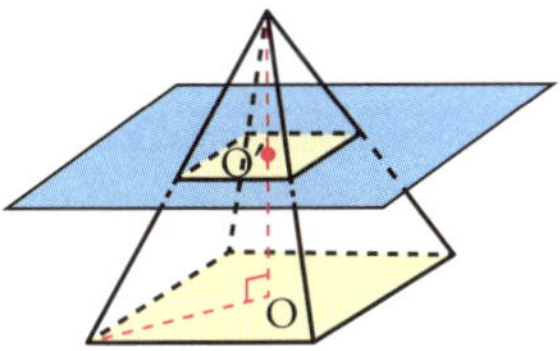


Figure 4

**Méthode**

## Étudier la section d'une pyramide par un plan parallèle à la base

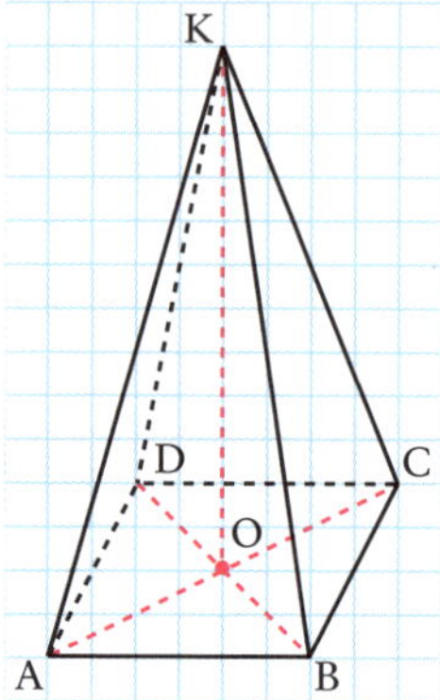


ABCD est un carré de centre O et de côté 5 cm. La droite (OK) est orthogonale au plan formé par le carré ABCD. KABCD est une pyramide notée $\mathcal{P}$ telle que OK = 2AB.

On coupe la pyramide $\mathcal{P}$ par un plan parallèle à sa base carrée ABCD. Ce plan coupe les segments [KA], [KB], [KC], [KD] et [KO] respectivement en A′, B′, C′, D′ et O′. On donne KO′ = 3 cm.

**a.** Calculer la mesure exacte du volume $\mathcal{V}$ de $\mathcal{P}$.

**b.** Quelle est la nature du quadrilatère A′B′C′D′ ? En donner la dimension caractéristique, après avoir déterminé le coefficient de réduction.

**c.** Calculer la mesure exacte du volume $\mathcal{V}'$ de la pyramide de sommet K et de base A′B′C′D′.

**SOLUTION**

**a.** Nous avons $\mathcal{V} = \frac{1}{3} \times$ aire de la base $\times$ hauteur.

La hauteur OK mesure 2AB, soit $2 \times 5 = 10$.

D'où $\mathcal{V} = \frac{1}{3} \times 5^2 \times 10$, soit $\mathcal{V} = \frac{250}{3}\text{cm}^3$.

**b.** A′B′C′D′ est un quadrilatère de même nature que ABCD, c'est donc un carré.

Le coefficient de réduction est $k = \frac{KO'}{KO} = \frac{3}{10}$.

Alors $\frac{A'B'}{AB} = k = \frac{3}{10}$, donc $A'B' = \frac{3}{10} \times 5$, soit $A'B' = 1{,}5$ cm.

**c.** $\mathcal{V}' = k^3 \times \mathcal{V}$ donc $\mathcal{V}' = \left(\frac{3}{10}\right)^3 \times \frac{250}{3}$, soit $\mathcal{V}' = 2{,}25\text{ cm}^3$.

# Agrandir et réduire des solides

53

☐ OK

Lorsque toutes les dimensions d'une figure $\mathscr{F}$ sont multipliées par un même nombre $k$, on obtient une figure $\mathscr{F}'$ qui vérifie les propriétés suivantes :

- Si $k > 1$, $\mathscr{F}'$ est un **agrandissement** de $\mathscr{F}$.
- Si $0 < k < 1$, $\mathscr{F}'$ est une **réduction** de $\mathscr{F}$.
- L'**aire** de $\mathscr{F}'$ se calcule en multipliant l'aire de $\mathscr{F}$ par $k^2$.
- Le **volume** de $\mathscr{F}'$ se calcule en multipliant le volume de $\mathscr{F}$ par $k^3$.

**Remarque**

Pour le calcul d'une aire. ▶ FICHE 33

Pour le calcul d'un volume. ▶ FICHE 34

## Méthodes

### 1 Calculer un coefficient d'agrandissement

Une photographie d'identité rectangulaire possède une largeur de 3,5 cm et une hauteur de 4,5 cm. Elle est agrandie et ses nouvelles dimensions sont : largeur 14 cm et hauteur 18 cm.

Quel est le coefficient d'agrandissement ?

**SOLUTION**

Nous pouvons remarquer que $\frac{14}{3{,}5} = \frac{18}{4{,}5} = 4$.

Le coefficient d'agrandissement est égal à 4.
C'est aussi le coefficient de proportionnalité.

### 2 Calculer l'aire d'un agrandissement

La maquette d'un terrain de rugby de forme rectangulaire possède les dimensions suivantes : longueur 40 cm et largeur 27,6 cm.

a. Quelle est l'aire de cette maquette ?

b. Sachant que la maquette est à l'échelle $\frac{1}{250}$, déduire de l'aire de la maquette l'aire réelle du terrain de rugby.

**Conseil**

Identifiez le coefficient d'agrandissement du terrain par rapport à la maquette.

**SOLUTION**

a. Soit $a$ l'aire de la maquette. Alors $a = 40 \times 27{,}6\,\text{cm}^2$, soit $a = 1104\,\text{cm}^2$.

b. Le terrain de rugby est un agrandissement de la maquette dans le rapport 250. Son aire vaut $A = 250^2 \times 1104$, soit $A = 69\,000\,000\,\text{cm}^2$ ou encore $A = 6\,900\,\text{m}^2$.

## 3 Calculer le volume d'une réduction

Neptune possède un aquarium ayant la forme d'un parallélépipède rectangle et qui peut contenir au maximum 198 L d'eau. Il décide d'en acheter un plus petit ayant la même forme mais dont les trois dimensions sont une réduction de 20 % des dimensions du premier aquarium.

a. Calculer la contenance exacte en $\text{cm}^3$ du second aquarium.

b. En fait, le second aquarium possède une longueur de 72 cm et une largeur de 32 cm. Quelle est la hauteur du premier aquarium ?

**Conseil**

Afin de ne pas perdre d'information, notez les dimensions du premier aquarium dans un premier tableau et les dimensions du second aquarium dans un second tableau.

**SOLUTION**

a. Les dimensions du second aquarium sont une réduction de 20 % des dimensions du premier aquarium ; cela signifie que les dimensions du second aquarium sont égales à 80 % des dimensions du premier aquarium. Il s'agit donc d'une réduction de coefficient 0,8.

Notons $V_1$ et $V_2$ les volumes respectifs du premier et du second aquarium.

$V_2 = (0{,}8)^3 \times V_1$ soit $V_2 = (0{,}8)^3 \times 198 = 101{,}376\,\text{L}$

ou $V_2 = 101\,376\,\text{cm}^3$.

b. La longueur $L$ du premier aquarium est égale à $\frac{72}{0{,}8}$, soit 90 cm.

La largeur $l$ du premier aquarium est égale à $\frac{32}{0{,}8}$, soit 40 cm.

La hauteur $h$ du premier aquarium est telle que

$90 \times 40 \times h = 198\,000\,\text{cm}^3$.

Nous obtenons $h = 55$ cm.

# Découvrir la sphère

54

☐ OK

## I Section d'une sphère par un plan

Soit une sphère de centre O et de rayon $R$ et soit un plan $\mathcal{P}$.

Notons $h$ la distance entre le point O et le plan $\mathcal{P}$. Alors $h = \text{OH}$.

- Si $h > R$, alors le plan ne coupe pas la sphère.

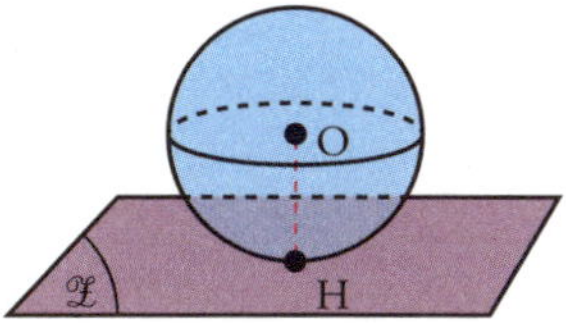


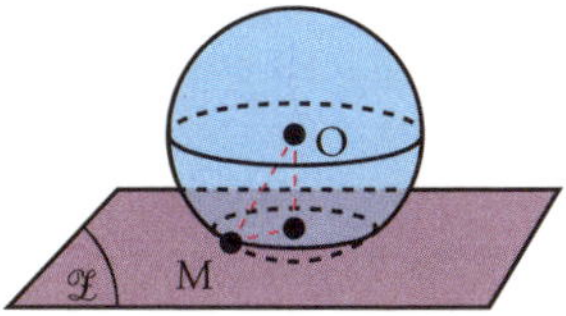


- Si $h = R$, alors le plan est tangent à la sphère.
- Si $h < R$, alors le plan coupe la sphère. La section est un cercle.

## II Coordonnées géographiques

On représente la Terre par une sphère.

- La section de la sphère par un plan passant par le centre de la sphère est un **grand cercle**. L'**équateur** est le grand cercle de la Terre perpendiculaire à la droite joignant le pôle nord et le pôle sud.
- Un **méridien** est un demi grand cercle perpendiculaire à l'équateur et joignant le pôle nord et le pôle sud.
- Un **parallèle** est un cercle parallèle à l'équateur.

Tout point P situé sur Terre est repéré par :

– sa **longitude** (Est ou Ouest) qui est la mesure d'angle entre le méridien où se trouve le point P et le méridien de Greenwich ;

– sa **latitude** (Nord ou Sud) qui est la mesure d'angle entre le parallèle où se trouve le point P et l'équateur.

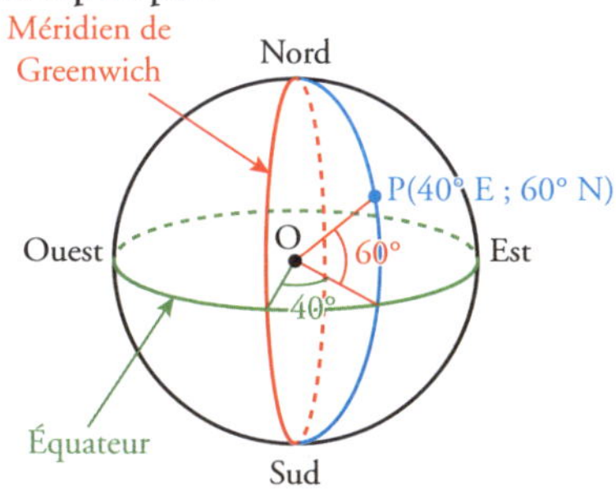

## Méthodes

### 1 Étudier la section d'une sphère par un plan

Soit une sphère $\mathcal{S}$ de centre O et de rayon $R = 15$ cm. On coupe cette sphère par un plan $\mathcal{P}$ tel que la distance du point O à ce plan (représentée par le segment [OH] sur la figure) soit égale à 12 cm.

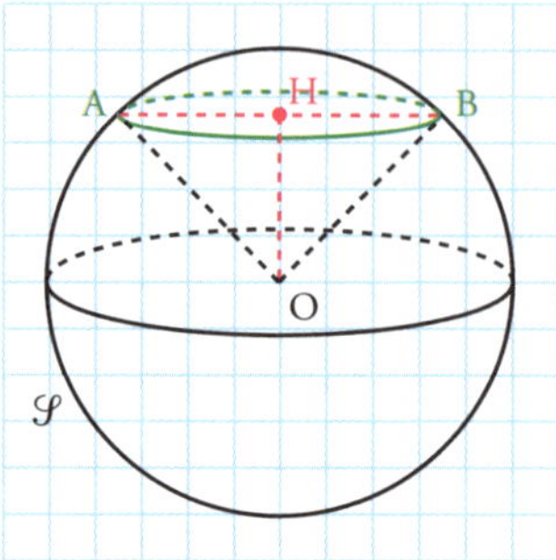


**Quelle est la nature de la section $\mathcal{C}$ de la sphère $\mathcal{S}$ et du plan $\mathcal{P}$ ?**

**En donner les éléments caractéristiques (centre et mesure du rayon).**

**Conseil**

Appliquez le théorème de Pythagore.

**SOLUTION**

• La section d'une sphère par un plan est un cercle.

• Ce cercle $\mathcal{C}$ a pour centre H. Son rayon $r$ = HA peut être calculé en appliquant le théorème de Pythagore dans le triangle AHO rectangle en H :

$AH^2 + OH^2 = OA^2$,

soit $r^2 = R^2 - OH^2$ ou $r^2 = 15^2 - 12^2 = 81$.

• Donc $r = 9$ cm.

### 2 Calculer la longueur d'un grand cercle

La Terre est assimilée à une boule de rayon $R = 6\ 370$ km.

Calculer la longueur de l'équateur.

**SOLUTION**

• Nous savons que l'équateur est un grand cercle qui a même centre et même rayon que la Terre.

• Notons $L$ la longueur de ce cercle. Alors :

$L = 2 \times \pi \times R$, soit $L = 2 \times \pi \times 6\,370$ km

ou encore, arrondie au km, $L = 40\,024$ km.

# Quiz EXPRESS

55

Avez-vous bien révisé les fiches 51 à 54 ? On vérifie !

## Représentation de l'espace

### 1 Repérage dans le plan

▶ FICHE 51

Placer dans un repère orthogonal (l'unité est le cm) les points A(1,5 ; 0,5), B(0 ; 1,5), C(– 1,5 ; 0,5) et D(0 ; – 0,5).

Le quadrilatère ABCD est un :

☐ **a.** carré ☐ **b.** parallélogramme ☐ **c.** losange

### 2 Repérage dans l'espace

▶ FICHE 51

Soit une boîte ayant la forme d'un parallélépipède rectangle OABCDEFG comme ci-contre.

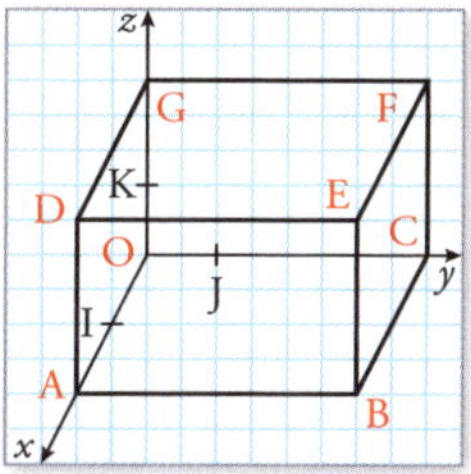


☐ **a.** Les points G et E ont la même altitude tandis que les points C et B ont la même ordonnée.

☐ **b.** Les points G et E n'ont pas la même altitude tandis que les points C et B ont la même ordonnée.

☐ **c.** Les points G et E ont la même altitude tandis que les points C et B n'ont pas la même ordonnée.

### 3 Réduction d'un volume

▶ FICHE 53

Une figure possède un volume égal à 90 cm³.

Après réduction, son volume mesure 2,43 cm³.

Le coefficient $k$ de réduction est tel que :

☐ **a.** $k = 0{,}027$ ☐ **b.** $k = \dfrac{10}{3}$ ☐ **c.** $k = 0{,}3$

### 4 Parallèle du globe terrestre

▶ FICHE 54

Sur le globe terrestre, tous les parallèles ont la même longueur.

☐ **a.** Vrai ☐ **b.** Faux

# CORRIGÉS

## 1 Repérage dans le plan

**Réponses b et c.**

ABCD est un parallélogramme, car ses diagonales se coupent en leur milieu.

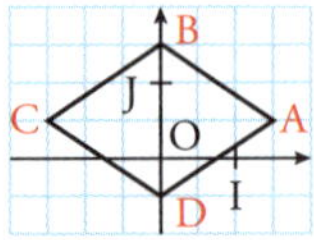


ABCD est aussi un losange, car ses diagonales se coupent perpendiculairement en leur milieu.

ABCD n'est pas un carré car il ne possède pas d'angle droit.

## 2 Repérage dans l'espace

**Réponse a.** Les affirmations proposées fonctionnent par paires.

Pour la réponse **a**, les deux affirmations sont exactes.

Pour la réponse **b**, la première affirmation est inexacte, la seconde est exacte.

Pour la réponse **c**, la première affirmation est exacte, la seconde ne l'est pas.

## 3 Réduction d'un volume

**Réponse c.** Il faut que $\frac{2,43}{90} = k^3$, soit $k^3 = 0,027$.

La calculatrice indique que $0,3^3 = 0,027$. En revanche, $0,027^3 \neq 0,027$ et $\left(\frac{10}{3}\right)^3 \neq 0,027$.

## 4 Parallèle du globe terrestre

**Réponse b.** Les parallèles sont des cercles parallèles à l'équateur. Leur longueur diminue au fur et à mesure que l'on se rapproche des pôles.

# *FLASH*CARDS

56

Mémorisez les idées clés des fiches 40 à 54.

## Espace et géométrie

**1**

À quelle figure peut-on appliquer le théorème de Pythagore ? Énoncez ce théorème.

▶ FICHE 41

**2**

À quoi sert la réciproque du théorème de Pythagore ? Énoncez cette réciproque.

▶ FICHE 42

**3**

À quoi sert le théorème de Thalès ?

▶ FICHE 44

**4**

À quoi sert la réciproque du théorème de Thalès ?

▶ FICHE 45

**5**

Quels éléments faut-il pour définir une homothétie ?

▶ FICHE 49

**6**

Combien vaut cos $\widehat{ABC}$ dans un triangle ABC rectangle en A ?

▶ FICHE 40

**7**

Combien vaut sin $\widehat{ABC}$ dans un triangle ABC rectangle en A ?

▶ FICHE 40

**8**

Combien vaut tan $\widehat{ABC}$ dans un triangle ABC rectangle en A ?

▶ FICHE 40

## RÉPONSES

**Efforcez-vous de répondre aux questions par vous-même avant de consulter les réponses, puis révisez régulièrement pour bien mémoriser.**

### 2

**La réciproque du théorème de Pythagore** sert à démontrer qu'un triangle est rectangle. Elle s'énonce ainsi : « Si dans un triangle ABC, [BC] est le plus grand côté et si $BC^2 = AB^2 + AC^2$ alors ce triangle est rectangle en A ».

### 1

**Le théorème de Pythagore** s'applique uniquement à un triangle rectangle : « Soit ABC un triangle rectangle en A, alors $BC^2 = AB^2 + AC^2$ ».

### 4

**La réciproque du théorème de Thalès** sert à démontrer que deux droites sont parallèles.

### 3

Il sert à calculer la 4e longueur au sein d'une configuration de Thalès dont on connaît 3 longueurs.

### 6

$$\cos \widehat{ABC} = \frac{\text{côté adjacent}}{\text{hypoténuse}} = \frac{AB}{BC}$$

### 5

Pour définir **une homothétie**, il faut 2 éléments :
- un point appelé centre de l'homothétie ;
- un nombre positif appelé rapport de l'homothétie.

### 8

$$\tan \widehat{ABC} = \frac{\text{côté opposé}}{\text{côté adjacent}} = \frac{AC}{AB}$$

### 7

$$\sin \widehat{ABC} = \frac{\text{côté opposé}}{\text{hypoténuse}} = \frac{AC}{BC}$$

# Comprendre la structure d'un algorithme



☐ OK

Scratch Deshtop est téléchargeable gratuitement à l'adresse suivante : scratch.mit.edu/download/

## Les trois étapes de base d'un algorithme simple

Un **algorithme** est une suite ordonnée d'instructions à exécuter pour résoudre un problème donné. Il a la structure suivante :

1. La **saisie des données** ou la préparation du traitement. Ce sont les éléments dont on part.

2. Le **traitement des données** : c'est l'étape où les calculs sont effectués. Il peut s'agir d'un calcul unique ou d'une suite de calculs.

3. La **sortie des résultats**. Cela correspond à l'affichage ou à l'impression des résultats obtenus par le traitement.

**Mots clés**

Le terme « informatique » est la contraction de « information » et « automatique ».
Un **programme informatique** est une suite d'algorithmes destinés à être exécutés par un ordinateur.

## Méthode

### Calculer des images données par une fonction

Soit une fonction $f$ définie par $f(x) = -2x + 4$.

Le programme Scratch ci-dessous permet de calculer les images données par la fonction $f$ de quatre antécédents choisis par l'utilisateur.

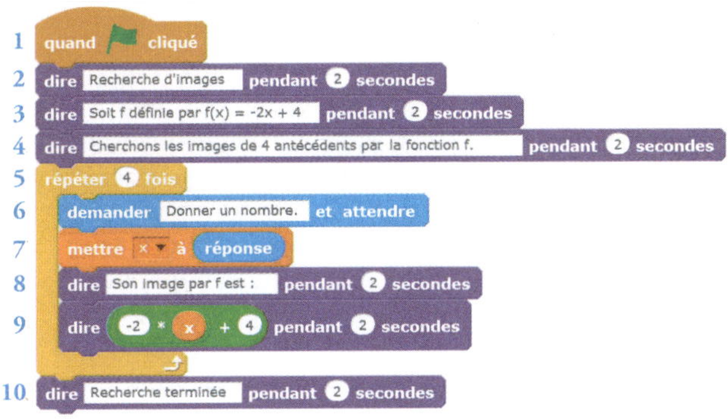

a. Quelles actions sont effectuées dans chacune des 10 lignes ?

b. Si l'on choisit pour antécédents les nombres : 0 ; – 2 ; + 3,5 et – 0,1, quelles seront les images données à la ligne 9 ?

c. Si, à la place de la fonction $f$, on choisit maintenant la fonction $g$ définie par $g(x) = 2x^2 - 5$, quelles lignes doit-on modifier ? Quelles modifications doit-on apporter ?

**SOLUTION**

a. Voici les détails des différentes instructions contenues dans l'algorithme.

**Entrée des données**

Ligne 1. Commande l'exécution de l'algorithme.

Ligne 2. Affiche le thème de l'exercice.

Ligne 3. Indique l'expression algébrique de la fonction $f$ utilisée.

Ligne 4. Affiche la question posée.

Ligne 5. Puisque l'on cherche 4 images, il faut réitérer le programme de calcul 4 fois. C'est le début de la boucle.

Ligne 6. Demande un antécédent à l'utilisateur.

Ligne 7. Affecte à la variable $x$ la valeur correspondant au nombre choisi à la ligne 6.

**À noter**

Affecter une variable signifier attribuer une valeur à cette variable.

**Traitement des données et sortie des résultats**

Ligne 8. Prépare la rédaction du résultat.

Ligne 9. Effectue le calcul de l'image (calcule $f(x)$ avec $x$ qui est le nombre choisi) et affiche le résultat.

Ligne 10. Indique que la recherche est terminée.

b. Par la fonction $f$, les images respectives des nombres 0 ; – 2 ; + 3,5 et – 0,1 sont + 4 ; + 8 ; – 3 et + 4,2.

c. Il faut modifier les lignes 3, 4 et 9.

La ligne 3 devient : « Soit $g$ définie par $g(x) = 2x^2 - 5$ ».

La ligne 4 devient : « Cherchons les images de 4 antécédents par la fonction $g$ ».

À la ligne 9, « $-2 \times x + 4$ » est à remplacer par « $2 \times x \times x - 5$ ».

**Attention**

Scratch n'applique pas les règles de priorité des opérations de lui-même. Il faut écrire correctement l'expression à calculer en considérant qu'un bloc d'opérateur correspond à un calcul entre parenthèses.

# Utiliser une instruction conditionnelle dans un algorithme

58

☐ OK

Il s'agit d'une instruction qui indique le programme à suivre dans le cas où une condition initiale bien spécifique est vérifiée.

Si [condition initiale vérifiée] alors [instruction à suivre].

**À noter**

Dans la phase de traitement des données, il est possible de répéter une action plusieurs fois grâce à une boucle. Avec Scratch, on utilise pour cela l'instruction « répéter ... fois ».

## Méthode

### Simuler une expérience aléatoire

Jérôme simule une expérience de lancers de deux dés équilibrés à 6 faces grâce au programme Scratch ci-dessous.

Il s'intéresse à la somme des deux nombres obtenus à chaque lancer et prévoit d'effectuer 50 simulations de lancers. Il veut comparer la fréquence et la probabilité d'obtenir une somme égale à 8.

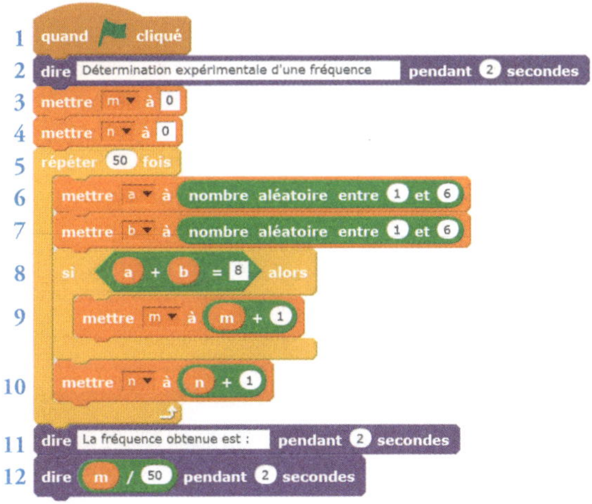


a. Que représentent les variables *m*, *n*, *a* et b ?

b. Que fait-on dans les lignes 3 et 4 ? Pourquoi ?

c. Que fait-on dans les lignes 8 et 9 ? Pourquoi ?

d. Construire un tableau à double entrée et calculer la probabilité $p$ d'obtenir une somme égale à 8 lors d'un lancer des deux dés.

e. En fait Jérôme a répété l'expérience 50 fois, puis 500 fois, puis 1 000 fois et enfin 5 000 fois. Quelle(s) modification(s) a-t-il effectuée(s) pour que cela soit possible sur le programme initial ?

f. Ce dernier a indiqué que l'événement $E$ « Obtenir un total de 8 points » s'était produit respectivement 9 ; 75 ; 142 et 719 fois. Calculer les fréquences correspondantes et les comparer avec $p$.

Quelle conclusion peut-on en tirer ?

**SOLUTION**

a. La variable $m$ représente le nombre de fois où la somme 8 est apparue. La variable $n$ représente le nombre de lancers des deux dés effectués. La variable $a$ représente le résultat donné par un des dés, et $b$ le résultat donné par l'autre dé.

b. Les lignes 3 et 4 indiquent une mise à zéro des compteurs au début de l'expérience.

c. **Si** la somme des résultats obtenus est égale à 8, **alors** le nombre de fois où on a obtenu 8 augmente de 1 et $m$ devient $m + 1$.

d. Issues possibles pour un tirage :

| Dé 1 \ Dé 2 | **1** | **2** | **3** | **4** | **5** | **6** |
|---|---|---|---|---|---|---|
| **1** | 2 | 3 | 4 | 5 | 6 | 7 |
| **2** | 3 | 4 | 5 | 6 | 7 | 8 |
| **3** | 4 | 5 | 6 | 7 | 8 | 9 |
| **4** | 5 | 6 | 7 | 8 | 9 | 10 |
| **5** | 6 | 7 | 8 | 9 | 10 | 11 |
| **6** | 7 | 8 | 9 | 10 | 11 | 12 |

Il existe 36 résultats possibles et 5 résultats favorables à l'obtention de l'événement $E$ « avoir un total égal à 8 ». On a $p(E) = \frac{5}{36}$ ou encore $p(E) \approx 0{,}139$.

e. Jérôme a modifié les lignes 5 et 12 : il a remplacé 50 par 500, puis par 1 000 et enfin par 5 000.

f. Les fréquences recherchées sont respectivement 0,18 ; 0,15 ; 0,14 et 0,14.

Conclusion : lorsqu'une expérience aléatoire est répétée un très grand nombre de fois, la fréquence de réalisation d'un événement se rapproche de sa probabilité.

# Construire une figure à l'aide d'un algorithme

59

☐ OK

Pour effectuer une construction géométrique, il est possible :

- de se repérer avec des coordonnées ($-240 \leqslant x \leqslant +240$ et $-180 \leqslant y \leqslant +180$) ;
- d'utiliser l'instruction « répéter … fois » en cas de tâches répétitives ;
- de modifier la couleur du stylo…

## Méthode

### Effectuer des transformations géométriques

On a écrit le programme Scratch ci-dessous.

```
quand [drapeau] cliqué
aller à x: (-90) y: (60)
stylo en position d'écriture
effacer tout
répéter (2) fois
    choisir la couleur [vert] pour le stylo
    tourner ↻ de (90) degrés
    avancer de (110)
    tourner ↻ de (90) degrés
    avancer de (70)
ajouter (110) à x
répéter (2) fois
    choisir la couleur [rouge] pour le stylo
    tourner ↺ de (90) degrés
    avancer de (110)
    tourner ↺ de (90) degrés
    avancer de (70)
```

a. Tracer la figure correspondant aux instructions du programme. Prendre pour échelle : 3 cm pour 400 pixels. Quelle est la nature des quadrilatères ainsi obtenus ? Nommer leurs sommets.

**b.** Donner deux transformations géométriques telles que le quadrilatère rouge soit l'image du quadrilatère vert. Préciser les éléments caractéristiques de ces deux transformations.

**c.** Quelles(s) modification(s) faut-il apporter au programme pour que les quadrilatères vert et rouge soient des carrés ? On se limitera à deux modifications au maximum.

## SOLUTION

**a.** La figure géométrique obtenue lorsqu'on lance le programme est composée de deux rectangles. Sa construction commence au point $A(-90\,;+60)$.

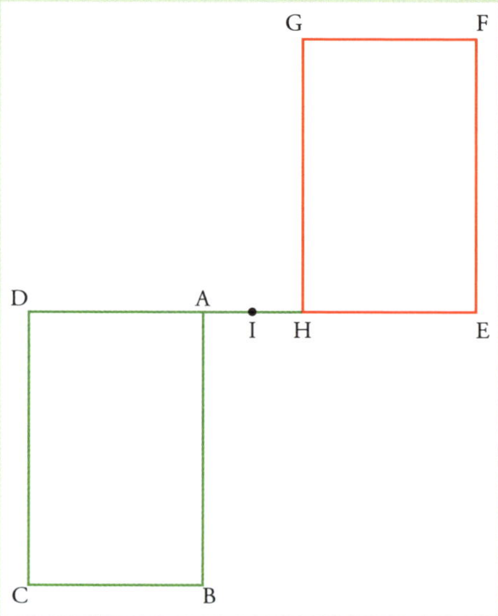


**b.** Le quadrilatère rouge est l'image du quadrilatère vert par la symétrie de centre I, milieu du segment [AH].
Le quadrilatère rouge est l'image du quadrilatère vert par la translation qui transforme le point D en le point G.
**c.** Pour que les quadrilatères vert et rouge soient des carrés, il suffit de remplacer 70 par 110 aux lignes 10 et 17.
On peut aussi remplacer 110 par 70 aux lignes 8 et 15.

# Algorithmique et programmation

**1**

D'où vient le mot « informatique » ?

FICHE 57

**2**

Qu'est-ce qu'un algorithme ? Donnez un exemple.

FICHE 57

**3**

Quelles sont les trois étapes d'un algorithme ?

FICHE 57

**4**

Qu'est-ce qu'une boucle ?

FICHE 57

**5**

Qu'est-ce qu'un programme informatique ?

FICHE 57

**6**

Qu'est-ce qu'une variable dans une programme informatique ?

FICHE 58

**7**

Qu'est-ce qu'une instruction conditionnelle ?

FICHE 58

**8**

Définissez l'instruction conditionnelle : Si ... alors ... sinon ....

FICHE 58

## RÉPONSES

**Efforcez-vous de répondre aux questions par vous-même avant de consulter les réponses, puis révisez régulièrement pour bien mémoriser.**

### 1

**Le mot « informatique »** est la contraction de deux mots : « Information » et « automatique ».

### 2

**Un algorithme** est une succession d'instructions permettant de résoudre un problème. Elles doivent être effectuées dans l'ordre.
Exemple : l'élaboration d'un itinéraire.

### 3

Les 3 étapes de base d'un algorithme sont :
- L'entrée des données
- Le traitement des données
- La sortie des résultats

### 4

**Une boucle** est un procédé qui permet de faire répéter une instruction ou un groupe d'instructions autant de fois qu'on le veut.

### 5

**Un programme informatique** est une suite d'algorithmes destinés à être exécutés par un ordinateur. Il existe de nombreux langages de programmation.

### 6

**Une variable** dans un programme informatique est un lieu de stockage. Une variable peut stocker des nombres ou des mots. On lui affecte obligatoirement un nom.

### 7

**Une instruction conditionnelle** est une instruction qui indique le programme à suivre si une condition initiale est vérifiée ; sinon, l'action s'arrête.

### 8

Si [condition initiale vérifiée] alors [instruction 1 à suivre] sinon [instruction 2 à suivre].

Achevé d'imprimer en Italie par L.E.G.O. S.p.A. à Lavis
Dépôt légal : n° 06173-6/02 – Avril 2020

PAPIER À BASE DE FIBRES CERTIFIÉES

s'engage pour l'environnement en réduisant l'empreinte carbone de ses livres. Celle de cet exemplaire est de : 700 g éq. $CO_2$ Rendez-vous sur www.hatier-durable.fr

**Maquette de principe :** Frédéric Jély
**Mise en pages :** STDI
**Schémas :** STDI
**Édition :** Marie Andrès et Damien Lagarde



**ISBN** 978-2-401-06173-6